生活能给你的，一定是你能承受的

陈启明 编著

中国纺织出版社有限公司

内 容 提 要

生活中，所谓的万事如意只是我们美好的愿望，事实上，我们都不得不面临各种各样的困难、痛苦、折磨。可以说，没有昨天的痛彻心扉，就没有今天欣慰的笑容。

这是一部激励千万心灵的暖心之作，它以心态调整为主线，带领正在遭遇生活折磨的人们领悟幸福的真谛，进而获得心平气和、从容不迫的心态，最终改变命运，远离厄运，得到福气。

图书在版编目（CIP）数据

生活能给你的，一定是你能承受的 / 陈启明编著.
--北京：中国纺织出版社有限公司，2019.11
ISBN 978-7-5180-6235-5

Ⅰ.①生… Ⅱ.①陈… Ⅲ.①人生哲学—通俗读物
Ⅳ.①B821-49

中国版本图书馆CIP数据核字（2019）第098538号

责任编辑：李 杨 特约编辑：王佳新
责任校对：楼旭红 责任印制：储志伟

中国纺织出版社有限公司出版发行
地址：北京市朝阳区百子湾东里A407号楼 邮政编码：100124
销售电话：010-67004422 传真：010-87155801
http://www.c-textilep.com
中国纺织出版社天猫旗舰店
官方微博http://weibo.com/2119887771
三河市延风印装有限公司印刷 各地新华书店经销
2019年11月第1版第1次印刷
开本：880×1230 1/32 印张：6.5
字数：124千字 定价：39.80元

前言

在人生道路上，我们可以拒绝很多事，却无法拒绝成长，成长的过程不仅是身体的成长和成熟，还包括心智的不断磨炼，这是一个淬炼的过程，也是残酷的过程，我们每个人都免不了遭受苦难。苦难出现的形式有很多种，要么是无法抗拒的天灾、人祸，如地质灾害、突如其来的生命危险、我们至亲的人离去等，也有可能是我们人生中的重大挫折，如事业失败、失恋、婚姻破裂等。事实上，我们从呱呱坠地开始，就已经在承受磨难了，只不过一些人在成长的过程中，能摆正心态、勇敢面对，超越了磨难，在他们的脸上，总是挂满笑容，能以积极的能量感染周围的人，然而，也有一些人，面对折磨听天由命，最终消极疲惫地度过一生。那么，你想做哪种人？

很明显，我们都希望成为前者。要破除消极负面的思想，首先我们要认识到挫折与磨难的正面作用，折磨并不是应该被我们完全否定的事物，要知道，折磨正是历练我们的一把利器，能唤醒我们的灵魂，能让我们更坚韧，所以，正是因为这些折磨的存在，我们的人生才会更完满。

我们要记住，生活能给你的，一定是你能承受的，面对命运的折磨，我们不可自怨自艾，而应该把它当成人生的历练，抱着这样的心态对待，那么，我们就能不断成长和进步。

如果把人生比喻成一条船，那么我们就应该是操控方向的舵手。如果随波逐流，奔涌海水也许会把我们带到不知名的地方，也许会导致我们的人生之舟触礁沉没。所以，即使风再大，浪再高，我们也要牢牢握住命运之舵，永不放手。

如果我们无法改变世界，就要学会接纳，并改变自己的心态，这样，我们的眼里就会呈现出完全不同的景色。

不管以何种方式面对灾难，强者的心态都应该是积极的。面对可以战胜的苦难，强者主动出击；面对无法战胜只能熬着的苦难，强者也能够保持乐观的心态。由此可见，我们想要最终战胜命运，就一定要保持良好的心态。记住，苦难总是暂时的，生命就如同一条奔腾不息的长河，既会把我们卷入旋涡之中，也会把我们带出苦难，迎接更美好的未来。

我们编写本书的目的就是强调心态对于面对各种磨难、挫折的重要作用，以此来指导读者朋友，让你能从更高层面去审视自己的人生，进而帮助你摆正心态、激发潜能，在折磨中调整情绪，重新获得动力冲向人生的顶峰。

编著者

2019年3月

目录

第01章 任何时候不能对自己失去信心，哪怕生活很糟糕

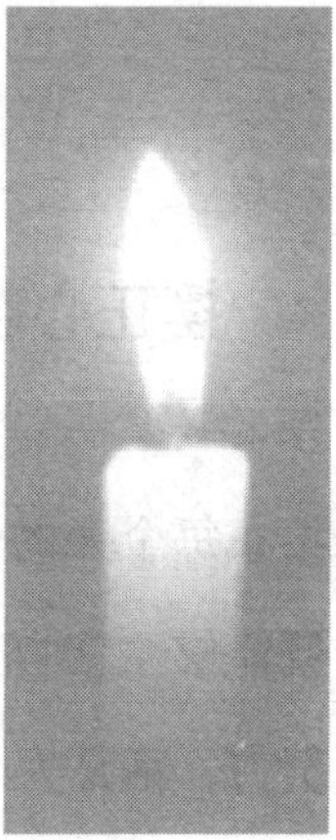

有人说，信心是漆黑夜晚中的一丝丝光亮，那光亮就在前方，只要我们勇敢地向前走，就可以触摸到它。它是心中涌动的激情，是风雨不摧的灯塔，有信心就会拥有未来。因此，无论你在哪住，生活如何，面对眼前的困境，都不能对自己失去信心，请相信：这个世界根本没有真正的失败，只有暂时的不成功。只要你始终不放弃希望，你就一定能够跨越失败，走向成功。

摆正心态，现在有求于人不可耻

每个人的命运都掌握在自己手里，只要你有这样的信念，就能够主宰自己的人生。你现在所拥有的一切，你现在进行的努力，都是为了能够让自己主宰命运。

有些人常常觉得，只有自己创业，拥有自己的事业，才能够掌握自己的命运。其实，并非如此。说实话，自己创业的人有求于人的地方更多。打工，你看老板的脸色；创业，得看所有客户的脸色，这个世界上还没有谁能够实现真正的自由，完全凭自己的喜好做事。除非你真的安贫乐道，或者达到一定的高度。

有句话说得好，那些当爷的人，也曾当过孙子。年轻的时候，你不想有求于人，不想向别人低头，在以后的岁月里，你会发现，你年龄一大把的时候，你还要舍出老脸，给别人弯腰鞠躬。成熟的人都懂得这个世界上没有谁不需要帮助，不需要求人，只有互相帮助，才能实现双赢。

命运掌握在自己手里，意义包含两层：一层靠的是个人的努力和意志，另一层靠的是别人的帮助。不要因为现在你有求于人而觉得羞耻，只有幼稚的小孩子，才会觉得靠自己就能够成功。有求于人，或者从事着一份卑微的工作并不是什么丢人的事，因为工作和求助带来的同样都是进步，只要有进步，你就会慢慢变得成熟，变得成功起来。

坚持相信命运并不是上天的赐予，而是自己的选择、自己的努力和大家的帮助的结果，这一点有助于你更快成熟起来。怎样把命运掌握在自己手里？怎样才能不必做自己不情愿做的事？怎样才能让自己觉得一切都在“掌握之中”？年轻人，常常很茫然，觉得“工作很痛苦但是还必须忍受，因为我需要生存”是一件很悲惨的事；常常觉得自己没有时间做自己喜欢的事，没有资本按照自己的喜好做事，非常痛苦。的确是这样，如果你没有办法把握自己的生活，像歌里唱的“有时间的时候没钱，有钱的时候没时间”的确是一件很遗憾的事。

命运的第一步就是“选择”，这个词看起来很简单，但做起来很难。就拿娱乐来说吧，你是想赚更多的钱、取得更大的成就，还是想快快乐乐享受自己的青春？每个人的想法不一样，我们有必要尊重所有人的想法。如果你想的是功成名就，想的是最终我要成功，成为一个卓越的人，那么势必你要舍弃一些玩乐时间，别人工作8小时，你要工作12小时，另外的4个小时是超越别人需要花费的时间。如果你想的是人生苦短，你最想要的就是享受生活，那只要获取了足够的生存资本，其他的时间随便你，为了度假、游玩去请假也是一件很平常的事。

人生没有两全，只要你觉得自己所选的是对自己最好的，最有价值的，就是一种成熟。不用活在两难之中，不用勉强自己做不喜欢的事，这也是对自己命运的一种掌握。

为自己的选择努力拼搏，能够把命运掌握在自己手中，这对于很多人都是适用的。一个人的努力，可以改变因为家庭、环境而造成的不好的现状。命运一半是上天的赐予，一半是个人努力的结果。你生长在一个什么样的家庭，受到了什么样的教育，谁都无法改变，可以改变的是你自己，通过个人的拼搏，你完全可以改变周围的环境和自己的境遇，这样你就把命运掌握到了自己的手中。土地贫瘠还是肥沃，谁都无法改变，可是只要有足够的努力，种上适合的作物，每一块土地都能够有不错的收获。

自己做规划，并按照自己的计划做事，这是把命运掌握到自己手中的具体方式。如果你发现事情的发展是在自己的意料之中，你就会意识到，原来我也可以掌握事物的发展，原来我也可以掌握自己的人生。这种感觉非常美妙，只有按计划行事的人，才能体会这种感觉。

把命运掌握在自己手里，不仅仅是说说而已，还必须有自己的一套实施方案，如按计划充电，按计划请客交友，寻找贵人，谋划升职，当你走过一段人生路，回顾时，你就会感叹原来人真的可以掌握自己的命运。

别妄自菲薄，你就是最出色的

一个人有没有本事是怎样界定的呢？无非就是他手中握着什么。每个人总有自己特殊的禀赋，只不过有些人自己没有发现而已。年轻人说自己没有本事，无非是认为自己年轻没有历练过，学历低，甚至比别人的头脑慢一点，被别人嘲笑笨，除此之外还有别的吗？要知道本事这种东西的含义很广。

也许你并不聪明，但你确定自己的运动细胞也不好吗，还是动手能力也比别人差，还是不会与人交往，没有专注力？一个人不可能一无是处，若你觉得自己一无是处，是因为你还没有发现自己的长处在哪里，并不说明没有。“这个世界并不缺乏美丽，而是缺少发现的眼睛”，一个人一定要仔细寻找自己的长处在哪，哪怕是一点小小的长处。

大仲马在成名之前，穷困潦倒，有一次他跑到父亲的老朋友那里，请他帮忙找工作。父亲的朋友问他：“你能做什么？”“没有什么了不起的本事。”“数学精通吗？”“不行。”“懂物理吗？或者历史？”“什么都不知道，老伯。”“会计呢？法律如何？”大仲马满脸通红地说：“我真惭愧，现在我一定要努力弥补我的这些缺陷。我相信不久之后，我一定会给老伯一个满意的答复。”他父亲的朋友对他说：“可是你要生活啊。将你的住处留在这张纸上吧。”大仲马无可奈何地写下了他的住址。他父亲的朋友见了大仲马的字后，高兴地说：“你的字写得很好啊！”大仲马备受鼓舞，从此以后就坚定地踏上了文学之路，并最终成为一代文豪，震动法国，震动世界。

人一定要努力寻找自己的长处，哪怕这个长处是微不足道的，因为它是你信心的源泉，是你走向成功所握有的武器。不要说自己没有本事，那是因为你还没有找到，在这个世界上，谁都不会一无是处，只有善于挖掘自己的“宝藏”，才能创造奇迹。

不但如此，本事这个东西并不是固定的，现在你一无所长，并不等于将来你也会一无是处。只要足够努力，每个人都可以拥有自己的一技之长，现在也许你不如别人，但只要你每天都能进步一点点，很快你就可以超越别人，甚至成为一个很优秀的人。

许多有大成就的科学家小时候都被别人嘲笑过笨，爱因斯坦小时候动手能力很差，一个小板凳捏三遍还非常粗陋。诺贝尔化学奖得主奥托·瓦拉赫曾被老师评为“不可能在文学上有前途”，“在绘画艺术方面的不可造就之才”，大多数人都觉得他成才无望。成功学大师卡耐基曾被评为“公认的坏男孩”，连父亲都评价他是“全郡最坏的男孩”。可是最终这些人都通过自己的努力成为世界上最成功的顶尖人物。

所以，现在没本事、没优势，代表的仅仅是过去一个时段的事情，只要相信自己，不断奋进，不断进步，终有一天，你也能够闪耀自己的光辉。不要纠缠于自己没有出人头地，自己没本事，本事都是学出来的，积累出来的，只要你相信自己，就一定会有出路。自信对于成功的作用至关重要，就算有再多的人否定你，你也不要否定自己，因为人生的成败最终还是握在你自己手中的，如果你自己放弃，那就真的无可挽救了。

年轻人不要轻易否定自己。觉得自己不够聪明，就要不断努力充实自己，增加自己的做事经验；觉得自己眼界不够广博，就要增加自己的阅历，不断学习和阅读，到不同的地方开阔眼界。每个人都有缺点，如果你能够弥补，或者避开，你就是完美的，上帝公平赋予了每个人一些特长和技能，所以不要说自己没有本事，而要善于发掘自己的本事，善于培养自己的优势。只要相信自己，你的人生就有无限可能。

一个成熟的人懂得如何让自己拥有信心，当他们的潜能未被发掘时，他们不会轻易否认自己，放弃努力，而会发掘出自己的优势，培养出本事，这样再平凡的人都会走向成功。

无视那些嘲笑之词，凭自己的双手改变命运

一个生活平庸的人，带着无数疑惑去拜访禅师，他问禅师：“大师，您说真的有命运吗？”“有的。”禅师回答他。

“那您看是否我命中注定一生贫困呢？”禅师让他伸出手，指给他看：“你看，这条横纹代表爱情，这条斜纹代表事业，这条竖纹代表生命和健康。”然后，禅师把他的手慢慢握起来，问他：“现在这几根线在哪里？”那人迷惑地说：“在我手里啊。”禅师微笑着问：“那命运呢？”那人终于恍然大悟，原来自己的命运一直握在自己的手里。

上天对每一个人都是公平的，会在不同的人生阶段降给每个人不同的灾难和幸福，一个人能否化解灾难，能否享受幸福，就看他自己的努力。别人的鼓励赞同或者是否定嘲笑都不能改变你的命运，改变你命运的是你的心态，只有心态端正，接受正面鼓励的信息，无视那些嘲笑之词，凭着自己的双手才能改变自己的命运。

一个人适合做什么，命运怎样，只有他自己最清楚，也只有他自己可以改变。我们身边的很多年轻人总是在怨天尤人，总觉得上天对他们不公平，没有给他们天才的头脑，没有给他们灵巧、多才多艺的双手，埋怨父母没能给他们更好的生活，埋怨上天没有替自己选择更好的出身和社会地位。其实，我想说的是，上天对任何人都是公平的，他给了每一个人特有的才能，只不过有些人发现了，并通过自己的努力，把那项技巧开发出来了，而有些人则只顾埋怨，或者懒惰，或者贪婪，或者没有机会，没有开发自身拥有的技巧而已。

就音乐方面来说，上天给了贝多芬很高的天分，但给予贝多芬的灾难也同样多，甚至超过了那一些天分，可是通过天分的充分开发，他取得了非凡的成就。贝多芬生于一个不幸的家庭，父亲碌碌无为且嗜酒如命，从没对家庭和气过，甚至连家人是否有足够的吃穿都从未过问。为了把贝多芬培养成音乐神童，进而成为他的摇钱树，父亲总是打骂贝多芬，使他常常在疲倦和疼痛中睡去。

而当贝多芬刚刚品尝到成功的喜悦的时候，他突然发现自己在逐渐失聪，那时他刚26岁，一个人最可能取得巨大成功的年龄。一个音乐家的失聪代表着什么，代表着他视为生命的音乐随时可能离他而去。

31岁的时候，他爱上了朱列塔·圭恰迪尔，可是她却与一位伯爵结婚了，他曾为此写下遗书。面对这样的不幸，面对希望和热情、失望和反抗的交替经历，他发出了“要扼住命运的喉咙”的呼声，最终为这个世界留下了大量的不朽作品。贝多芬真正做到了把命运掌握在自己手里，用自己的意志抗拒了命运对他的沉重打击和巨大不公。

我们有理由相信，我们完全可以过得比现在更好，只看你愿不愿意努力，有没有为之努力的目标和动力，愿不愿意用自己的双手为自己的命运负责。只有不负责任的、幼稚的人才会怨天尤人，成熟的人会把上天给他的一切磨难作为一项考验，最大限度地实现自己的梦想，为自己的梦想负责。只有那些胆怯的、不负责任的人，才会把自己的不努力推到上天的头上。实际上，由天注定的、不能更改的那部分命运真的是少之又少。

其实，老天给予每个人的同样多，无论是才能还是灾难，所以，我们在命运上彼此是平等的。我们所有的努力就是为了与那些命中注定的灾难抗衡，只要我们战胜了那些灾难，我们就打破了命运的平衡，命运的天平就会向我们这边倾斜，好运就会追随而来。上帝说："凡是那些好的，富有的，我还要赐予他们；凡是那些贫瘠的，我要连他们仅有的一点都剥夺。"我们要做的就是要比别人更努力一点，更富有一点，这样复利效益就会把更多好运带给我们。

无论别人怎样评论你的努力，觉得你天生命不好，觉得你会徒劳无功，只要自己足够坚持，就不要害怕别人的评论。成功的人在大多数人之上，绝不是因为大多数的人不够幸运，而是只有少数的人能够坚持己见，能够不顾及别人的眼光，在自己认定的路上走下去。要知道命运掌握在自己的手里，而不是别人的嘴里。

一个人的态度和行动决定了他的命运，虽然，在这之中，别人的鼓励必不可少，但那作用都是有限的。想要改变自己平庸的命运，就要改变自己不够积极的态度，改变自己平庸的想法，改变瞻前顾后的习惯。

心平气和，没必要对别人的反应过于敏感

有些人做事的时候，总是喜欢首先看别人的反应，首先征求别人的意见。顾及他人感受是一个很好的品质，但不要太过。要知道没有人比你自己更了解、更重视你自己，当你惶惶然自己是否会给别人留下太坏的印象，自己的形象在别人眼里是否像个傻瓜的时候，大家已经把这件事忘掉了。

不要把自己看得过重，无论是你的成就还是你的过失，有这样一句名言“我们不会飞是因为我们把自己看得太重”。当有一个很好的机会摆在我们面前，而我们不小心搞砸了的时候，我们会不会反复向别人解释“我真的不是故意的，那天我真的不舒服”？或者我们做了一件自以为对不起别人的事，是不是会拼命企图解释清楚，直到别人不耐烦为止？或者当我们决定一件事的时候，会反复征求别人的意见，即使你已经确定了别人给你的意见，却忍不住再三重复询问？

当你这样做的时候，希望你能提醒自己，没有人会比你重视自己，在你这里无比重大的事情，在别人那里不过是一个调剂而已。如果你在马路上不小心摔了一跤，大家可能都围观嘲笑你，让你觉得无比尴尬、无地自容，然而，他们一转身就会忘记你的窘态，而去忙他们自己的事情，而你还在懊恼自己太不小心了，让人看足了笑话，还在羞愤欲死，这完全没有必要。

所以完全没有必要对别人的反应太过于敏感，一定要有自己的主张，一定要有平和的心态。

有一个大学生A，宿舍里有好几个很要好的兄弟。一天，他突然想搞个恶作剧，就藏了起来，打算让大家找不到他，等他们忙得焦头烂额时，再突然跳起来，吓大家一跳。可是，舍友们涌进了宿舍，又各自拿着饭盒走出了宿舍，嘻嘻哈哈去吃饭了，根本没有注意到缺少了他。他觉得非常沮丧，原来自己在别人的生活中是如此微不足道，对舍友们也很生气。可不久他就发现自己也一样，当伙伴中的某个人不在场的时候，自己也常常注意不到。

所以每个人最重视的就是自己，其次才是自己最亲密的人，最后才是和自己没有多大关系的人。虽然有的人能够注意到别人的感受，但没有一个人会把别人的感受放在自己的感受之前考虑。你今天讲了一个笑话，反应平平，说不定是因为别人各自想着自己的伤心事，哪顾得上开玩笑呢？你今天出了个大丑，觉得没脸见人了，说不定大家早已经忘记了，因为这没有他们自己的生活重要。

把自己看得太重的人，常常觉得自己了不起，容易处处飞扬跋扈、盛气凌人，一旦稍有不如意，就会愤愤不平；把自己看得太重的人，心态容易失衡，往往喜欢钻牛角尖，走向极端。

其实每个人都希望别人很在乎自己，都希望自己很重要，可事实上呢？地球却少了谁都照样转，生活中没有了谁，大家都同样生活。懂得这一点对每个人都十分重要，因为如果你把自己看得太过重要，过于以自我为中心，就会把别人对你的一点点不公平扩大化，就总会觉得自己受委屈、受屈辱，别人故意欺负你，你就会自怨自艾，严重的时候就会对社会不满，产生反社会人格。

因故意杀人罪而判处死刑的马加爵，曾经因为别人不请他吃饭而认为别人歧视他、看不起他，这就是过于“以自我为中心”的表现。有些人总觉得别人都应该尊重自己、敬佩自己，那么凭什么呢？是因为你做出了让大家都羡慕的事情还是你为大家带来了很大的好处，你本身有很高的价值？

年轻人，一定要把自己的位置摆正，一个人重不重要，是由别人需不需要他决定的；一个人是否受重视，是由他的价值决定的。明白这一点，你才会懂得用建设性的方式帮助自己，懂得增加自己的价值，增加自己被需要的程度来提高自己的地位。这样你的心态才能平衡，才能逐渐向高层次发展，而不过于纠结于自己是否受重视，是否足够重要，是否被别人认同。

越是不被肯定，越是要证明自己的实力

毫无疑问，在生活和工作中，几乎所有人都渴望得到别人

的赞赏和肯定。然而，现实是残酷的，我们尽管非常努力，却常常遭遇别人的质疑和诟病。我们尽管恨不得把每一个都照顾得无比周到，却依然有人在我们背后说三道四。这就是现实与理想之间的差距，无论我们多么努力，我们都无法使所有人满意。当意识到这一点之后，你才能坦然地成为最真的自己。当然，尽管如此，我们依然要尽量使自己在工作和生活中的表现完美一些。尤其是在学习、工作上，我们更是需要用努力和成绩来证明自己的实力。作为学生，每当取得了好成绩，我们就会高兴地向父母汇报；反之，每当听到否定自己的话，我们总是无比沮丧。作为一名职场人士，我们总是希望自己的表现能够得到领导的认可和赞赏；反之，假如我们辛辛苦苦做出的工作得不到肯定，我们就会怀疑自己是否真的如想象般优秀。

事实是，我们能够在任何方面任何时候任何人面前都表现得完美无瑕吗？答案是否定的。正如人们所说的，这个世界上没有绝对完美的人，因此也就注定了这个世界上没有人能够始终表现得绝对完美。很多时候，一味的夸奖和奉承只会使我们沾沾自喜，忘乎所以，而相反，客观公正的评判，则能够使我们更加冷静地认识自己，从而改正自己的缺点，发扬自己的优点，不断地进步。和那些始终认为你非常优秀的人比起来，那些不看好你的人反而是更容易征服的。因为那些认为你很优秀的人往往一厢情愿地认为不管什么时候你都会表现很好，而只有那些不看好你的人，才会在见到你的真实实力之后给予你更加中肯的评价。这样的评价，对于你将是极其难得的。

刚刚进入公司的时候，小娜几乎是同事们茶余饭后的谈资。原来，小娜之所以能够进入这家公司，是因为身为销售部经理的姨夫的举荐。这家公司通常很少雇用刚刚毕业的大学生，因此，对于刚从象牙塔中出来的小娜轻而易举地就进入公司，同事们自然有着很多非议。对此，小娜什么也没有说，只是觉得很委屈，因为她觉得自己完全有能力胜任秘书的工作。姨夫知道小娜的想法后，语重心长地对小娜说：“小娜，你要记住，你是怎么进入公司的并不重要，重要的是你准备如何在公司干下去。也许，现在同事的流言蜚语很多，但是，只要你能够表现出自己真实的水平和能力，我想，他们终有一天会对你心服口服的。”

听了姨夫的话，小娜心里有底了。她大学所学的专业就是文秘，因此如今的秘书工作对她来说简直是得心应手。在认真做好本职工作的同时，小娜还利用大学业余时间所学的编程软件为公司设计了一个文档管理系统。这样一来，同事们在找文件的时候就不用像以前一样大海捞针了，而只需要在文档中输入内容的关键词，就可以轻松地找到相关的资料。有的时候，有些同事对于文件的处理不是很擅长，小娜还会主动利用下班时间教他们，使大家的工作效率提高了很多。渐渐地，同事们忘记了小娜是如何进入公司的，而是对小娜交口称赞。而且，因为之前对小娜心存偏见，如今他们对于小娜的肯定也是更加强烈的。私底下，他们会由衷地夸奖小娜："娜娜，如今像你这样脚踏实地的年轻人可是不多了，好好干，你在公司里一定大有发展。"

事例中，小娜假如因为遭到同事们的非议就自暴自弃，那么就会最终证实同事们的质疑是真的。幸好有姨夫的及时开导，小娜才能冷静理智地面对同事们的怀疑，最终证实了自己的真正能力。而也正因为之前对于小娜的否定，同事们在见识了小娜的真正实力之后，才会更加发自内心地认可小娜。

相信，不被人肯定在很多朋友身上都曾经上演过。记住，这个时候最重要的不是狡辩，也不是放弃自己，而是用实力说话，让别人的否定变成肯定。正是因为有了之前的否定，那些否定你的人才会更加发自内心地肯定你、认可你。因此，千万不要排斥别人的否定，那恰恰给了你更好地证明自己的机会。

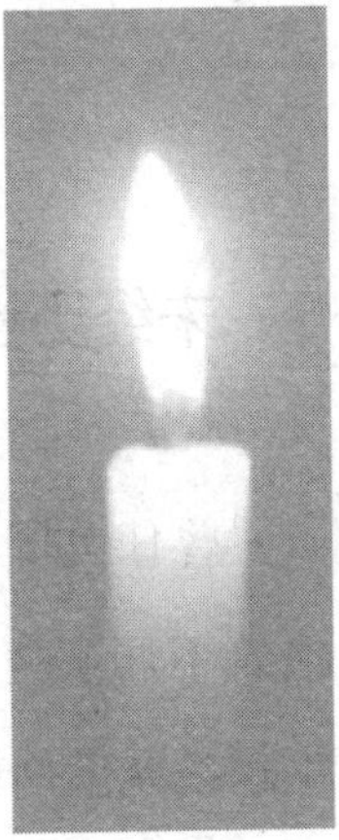

第02章 挫折和磨砺也值得珍惜，苦难是人生的大学

我们都知道，没有人能随随便便成功，自古以来，许多卓有成就的人都具有不屈不挠的精神，他们忍耐枯燥与痛苦，在逆境中奋斗挣扎，最终才取得成功。在哈佛有一句名言：“请享受无法回避的痛苦，比别人更早更勤奋地努力，才能尝到成功的滋味。”在人生的道路上，我们若想有所收获，就必须学会接受苦难的考验，苦难是人生的大学，学会苦中作乐，才能先苦后甜。

未经历挫折的人生是苍白的

曾任美国副总统的戈尔说：“自古以来的伟人，大多是抱着不屈不挠的精神，在逆境中挣扎着奋斗过来的。”在人生这条充满荆棘的路上，我们常常会遇到这样或那样的挫折与困难。当然，不同的人对挫折有着不同的理解，有人说挫折是人生道路上的绊脚石，有的人却说挫折是一种磨砺，会让今后的路更加平坦。古人曰：“百糖尝尽方谈甜，百盐尝尽才懂咸。”如果人生不经受历练，那就显得单调、幼稚。甚至，我们可以这样说，未经历挫折的人生是苍白的。

或许，我们并不知道前方有多少的挫折在等着我们，但是，有一点是很明确的，那就是这些挫折是不可避免的。在挫折面前，我们的力量是有限的，但挫折却是层出不穷的，当我们战胜了一个挫折，又会有更大的挫折在等着我们，人生就是这样一个不断前进的过程。

一位少年自认为看破了红尘，放下了一切，找到了隐藏在深山里的寺院，他要求见方丈想出家，他认为自己只有在这里才能真正地洗去城市的繁华与浮躁。方丈仔细打量着少年，问道："做和尚要独守孤灯，终身不娶，你能做到吗？"少年坚定地回答："能。"方丈又问："做和尚要每日三餐粗茶淡饭，粗衣薄挂夏热冬寒，你能忍受吗？"少年回答说："能。"方丈又问："做和尚要无欲无求、无怨无恨，不问恩情，不记仇恨，无论任何时候都要心如明镜不染尘埃，你能做到吗？"少年斩钉截铁地说："能。"然后，方丈问了一些关于佛法的东西，少年都能作出很好的回答。但是，最后，方丈拒绝了少年出家的请求，把少年送下了山。临走时，方丈留下了这样一句话："未曾拿起莫谈放下，当你真正拿起时，你再回来告诉我你还能不能放得下。"

一个人若是没有经历过生活，那自然不会理解生活的艰辛；一个人若是没有真正经历过挫折，自然不懂得选择快乐的角度。一旦挫折降临，就想要逃避这个世界，这是一种不负责任的做法。生活中，只有那些真正经历过挫折的人，才能放眼望世界，因为经历了挫折，生活在他们眼里变得更加绚丽多彩了。

小时候，妈妈总是这样说："你能做到，玫琳凯，你一定能做到。"玫琳凯女士不仅将这句话作为自己的座右铭，而且将这句话作为公司的理念来激励更多未来的女性。玫琳凯坦言，自己创建公司是在遇到了一些挫折之后才真正的开始。

玫琳凯女士曾在直销行业工作了25年，当时，她已经做到了全国培训督导。但是，眼看着自己的一位男下属都得到了提拔，而且薪水将是自己的两倍。玫琳凯女士毅然决定辞职，实现自己的一个理想，她说：“我建立公司时的设想是让所有女性都能够获得她们所期望的成功，这扇门为那些愿意付出并有勇气实现梦想的女性带来了无限的机会。”在创业之初，她经历了多次失败，也走了不少弯路，但是，她从来不灰心、不泄气，反而诙谐地解释：“挫折是化了妆的祝福。”最后，她创建了玫琳凯公司，玫琳凯女士这样说道：“从空气动力学的角度看，大黄蜂是无论如何也不会飞的，因为它身体沉重，而翅膀又太脆弱，但是人们忘记告诉大黄蜂这些。女性就是如此——只要给她们以机会、鼓励和荣誉，她们就能展翅高飞。”

挫折造就着生活。能够成大事者，他们必须经得起挫折的历练，经得起失败的打击，因为成功需要风风雨雨的洗礼，而一个有追求、有抱负的人，他总是视挫折为动力。所以，挫折对于天才来说是一块成功的跳板，对强者来说则是一笔宝贵的财富。所谓的挫折是一所修炼人生的高等学府，你是否能顺利毕业则源于内心强劲的忍耐力。

1.挫折是迈向成功的垫脚石

曾国藩说：“吾平生长进，全在受挫受辱之时，打掉门牙之时多矣，无一不和血一块吞下。”如果经不起挫折，受不了历练，处处较真，我们将沉埋在痛苦的生活里，永远没有希望，也没有前进的方向。其实，挫折带来的并不全是坏事，它能使我们的人生绽放出最美丽的成功之花，而从挫折中吸取到的教训将是我们迈向成功的垫脚石。

2.不为挫折较真

挫折是一门生活必修课，但是这并不是说挫折是不可战胜的，挫折的必然性让我们在遇到它时就没有必要怨天尤人，更没有必要处处较真。因为挫折不具备不可战胜性，所以，面对挫折，不必畏惧，迎难而上，直面挫折，把生活中的每一个挫折都看作是上天考验我们的一次机会，只要心中怀着必胜的信念，对自己说：“我能行！”那么，我们就一定能战胜挫折，采摘成功的果实。

3.每个逆境中都隐藏着一个可贵的祝福

席勒曾说：“任何一个苦难与问题的背后，都有一个更大的祝福。”其实，伴随着逆境的除了祝福，还有无限的机遇。在我们的人生道路上，会遭遇很多逆境，如果缺乏自信，会使畏惧之心蔓延开来，不仅抓不住机遇，反而会被困难吞噬。生活是一道选择题，当你选择了坚持，机遇就有可能会降临；但是，当你选择了放弃，机遇将永远放弃了你。没有经过逆境的磨炼，就不会有未来的璀璨与辉煌。

4.战胜逆境，你就会成功

虽然，黑暗的逆境之中隐藏着璀璨的成功，但是，如果你连逆境都战胜不了，又何来成功呢？在人生的旅途中，明明知道成功就在前方，在逆境面前，有的人还是选择放弃了，最终他们丧失了成功的机会。所以，在逆境中，别较真，别畏惧，只要我们能够坚持到底，就一定能获取成功。

逆境，让人痛心更催人奋进，既让人难堪更让人坚定，让人们在放弃时能鼓足勇气，想逃避时拾起自尊。逆境是成功的前奏，是一笔宝贵的财富。在逆境中奋进，在低谷中抓住机遇，不断地尝试，最终一定会拥抱成功。

乐观者总是能将死路走成活路

我们在向目标进发的过程中，难免会遇到不幸、逆境，而其实，每一次的不幸也是机会，充分利用它，就能够促进自己的发展。犹太人常说："悲观者只看见机会后面的问题，乐观者却看见后面的机会。"乐观的人，不仅能看到眼前的问题，还能发现问题后面的机会。

生活中的人们，我们也要明白，其实，所有的坏事情，只有在我们认为它是不好的情况下，才会真正成为不幸事件，只要能够从坏中看好，采取有效的措施扭转这个趋势，耐心地找准一个方向，就一定会别有洞天。这样不仅能解一时之围，更能找出你自身存在的问题，使自己赢得更持久的能力。

我们发现，那些成功者，无不是经受了无数磨难，练就了一身功夫，所以他们才能在关键的时候，不让自己走入山穷水尽的将死之路，而是慢慢地将死路走成活路。我们常告诫自己和他人要把握机遇，其实，我们更应该为自己创造机遇，若只做机遇的旁观者，机遇不可能为你驻足。你只有积极努力、做足准备，才能张开双臂，在机遇来临时扑个满怀。

罗蒂克·安妮塔对于英国的家庭女性来说，大概是家喻户晓的名字，因为她曾经也是一位家庭主妇，后来创办自己的公司——美容小店连锁集团，进而成为英国著名的女企业家。

安妮塔出生于意大利，毕业于面向贫民子女的牛顿学院，婚后，她的日子过得并不宽裕。

为了改善经济状况，安妮塔决定自己创业。婚前，安妮塔曾有过一次长途旅行——南太平洋，她对土著居民使用的以绿色植物为原料的化妆品产生了浓厚的兴趣，她收集了不少天然化妆品配方。她认为天然化妆品是一种行业优势，绝对比那些化学化妆品更受欢迎，而当时最大的问题她如何找来4000英镑的资金，唯一的办法只能是求助于银行贷款。

安妮塔带着两个女儿来到银行，并陈述了自己的难处，但经理认为银行不是慈善机构，拒绝了安妮塔的贷款要求。

但是，这并不能让安妮塔打消创业的念头，经过一番思索，一个星期之后，她穿上特制的西服，俨然一副商界女士的打扮再次来到银行。她还准备了一大摞文件，包括可行性报告和房产凭据等。文件中把她筹划的小店包装成世界上最好的投资项目，把自己美化成具有丰富经验的化妆品专业的商界奇才。这次她改变了策略，用商业银行的游戏规则——越有钱的人越容易借贷——来与银行周旋。

那位银行经理在一周之前根本没有把安妮塔放在眼里，所以没认真注意她。这次改头换面再来时，竟没认出她来。安妮塔的申请通过了银行的审查，很顺利地贷到了4000英镑，这笔钱成为她非常重要的启动资金。

1976年3月27日，安妮塔的美容小店正式开张。由于此前《观察家报》报道了她开店的情况，结果该店一炮打响，顾客盈门，第一天的收入就达到130英镑。

此后，安妮塔的小店生意越做越好，分店开得也越来越多，她的小店变成了网络遍布全球的大企业，许多当初抱有像她一样愿望的家庭主妇，加盟她的连锁集团后成为百万富婆。

其实，无论做什么事，都不可能一帆风顺，失败者选择了放弃，所以他失败了；成功者选择了坚持和面对，所以他在挫折中获得了成长。

洛克菲勒曾说："我总设法把每一桩不幸化为一次机会。"的确，任何一个人，任何一家企业，都有可能遇到危机，都有可能遇到不幸，我们如何看待不幸、如何处理危机，直接关系到我们能否寻找到出路。可以说，洛克菲勒的创业史处处充满了危机，他曾遭遇资金危机、炼油厂失火、政府污蔑等，但最终，他都凭强大的自信、强有力的危机处理能力让企业转危为安。

英特尔公司前CEO安德鲁在价值5亿美元的有缺陷的英特尔奔腾芯片必须被召回并更换的灾难性事件后，在其自传《只有偏执狂才能生存》一书中说道，商业成功饱含自身毁灭的种子。因为商业环境变化不是一个连贯的过程，而是一系列亮点或者“战略转折点”，一个公司运营的基础突然发生变化并且没有预先的警告，这些点的出现可能意味着新的机会或者是终点的开始。

可见，人们在做一件事情的时候经常会因为方法不当而走入死路，这时候，转换一下思路，就能让死路变成活路，有的人不知道如何转变，只是一味地按照原来的思路走，这样就容易让自己的路越走越窄，甚至出现无路可走的情况。

慢慢感受和品味，这样才能尽情享受人生

现代社会，生活节奏越来越快，很多人在为自己设立目标之后，恨不得一蹴而就，让自己的人生获得圆满。殊不知，

人生的目标都是很远大，绝不可能一时之间就能获得成功。而且，人生原本就是残缺的圆，人生的意义也就是在不停地自我完善和提升中，变得渐渐趋于完美的圆。既然如此，你想要缩短自己的人生吗？答案当然是否定的。没有人愿意自己的人生缩成短短的一天，哪怕功德圆满，也必然失去欣赏和品味生活的时间与机会。因而明智的人不会抱怨目标的遥远，也不会因为自己实现目标太艰辛而痛不欲生。很多时候，人们都说心态决定一切，我们不妨尝试着把实现目标的过程作为自己人生中最美好的经历，慢慢感受和品味，这样才能尽情享受人生。

当然，对于每个人的人生而言，设定目标也是非常重要的。只有确立目标，我们才能确定人生的方向，也才能知道自己需要付出怎样的努力才能到达人生的彼岸。假如没有目标，人生必然会像在大海上航行的船只一样，漫无目的。不过，设立目标并不意味着马上就要实现目标，和设立目标相比，实现目标的过程显然更加重要。试想，假如你每天都为自己设立一个远大的目标，但是自己却从来不去做，更不会通过努力去实现目标，那么你的目标即使再多，又有何意义呢？因而朋友们，在设立目标之中，让我们充实地享受实现目标的过程。也许通往成功的路充满艰难曲折，但是只要我们永不放弃对人生的希望，在风雨泥泞中依然执着前行，我们终有一天会到达人生的彼岸。此时，当我们再次回顾曾经的艰难坎坷，一定会非常庆幸自己付出了坚持和努力。

在小学阶段，爱因斯坦从未表现出具有伟大科学家的潜质，甚至和大多数同学相比，他的表现还很笨拙呢。有一次，老师给全班同学上手工课，并且安排大家在课后的时间里做一件手工艺品，交给老师。当天晚上，同学们回家之后都迫不及待地做手工艺品。次日，下课铃响了之后，同学们全都不甘落后地把自己的作品交给老师。只有爱因斯坦如坐针毡地坐在那里，满头满脸都是着急的汗水。

看着略显笨拙，但是在几何、数学方面都很优秀的爱因斯坦，老师耐心地等待着，他相信爱因斯坦一定会认真地完成作业。又过了一天，在上课之前，爱因斯坦拿出一个粗糙的小板凳交给老师，这只小板凳的一条板凳腿还歪斜了。对此，一直对爱因斯坦抱着希望的老师很失望，因而毫不掩饰地问同学们："同学们，你们谁还见过比这个更难看的小板凳？"同学们纷纷摇头，老师生气地对爱因斯坦说："我认为，这简直是世界上最糟糕的板凳。"老师话音刚落，教室里发出一阵哄笑声。

爱因斯坦面红耳赤地拿着书包走到讲台上。对老师说："老师，我见过更糟糕的板凳。"说完，他从书包里拿出两个更糟糕的板凳给老师，说："刚刚交的板凳是我第三次做的，这两个是前两次做的。我觉得，第三个板凳也不够好，但是比起前两个板凳来，还是有些进步的。"听了爱因斯坦的话，老师认可而又感动地对着爱因斯坦连连点头，同学们也都非常敬佩地看着爱因斯坦。

对于小小年纪的爱因斯坦而言，老师交代的任务显然是有一定压力的。所以，他在第一天并没有上交作业，因为他没有为了完成作业而敷衍了事。拖延一天之后，他再次尝试着做出比前两个更好的小板凳，这才将其作为作业交给老师。不得不说，爱因斯坦虽然看似木讷，但是他的态度非常认真严谨，而且他也很享受完成作业的过程，而不是仅仅为了交差。

朋友们，我们是否也经常遇到比较艰巨的工作呢？在这种情况下，你是选择敷衍了事，还是选择以更加严肃认真的态度投入工作，直到把工作做得尽善尽美。不得不说，你的态度直接决定了你在工作上的表现，你必须享受工作的过程，才能得到自己所期待的结果。若仓促地完成工作，是不可能做出好成绩的。做任何事情，我们都应该认真仔细，而不要为了完成而尽快完成。

要想成为人生的强者，就必须从苦难这所大学里毕业

犹太人认为，苦难是强者的学校。由此可见，弱者之所以被苦难打败，从遭遇苦难之后就与失败结缘，最根本的原因就

在于他们不够强大。真正的强者在面对苦难的时候，会迎难而上，而不会因为畏惧苦难，就止步不前。正如一手打油诗里所说的那样，苦难像弹簧，你强它就弱，你弱它就强。要想真正战胜困难，我们必须非常勤奋努力，成为人生的强者，让苦难在我们面前臣服，让苦难成为我们进步的阶梯和成长的脚步，促使我们变得更加成熟与坚强。

别林斯基说，苦难是人生最好的大学。的确，这句话是很有道理的。一个人要想成为人生的强者，必须从苦难这所大学里毕业，否则就不算是真正的强大。细心的朋友会发现，古今中外，许多有所成就的人之所以获得成功，也就是因为他们从未被苦难打倒，反而从苦难的大学中毕业，从而最大限度实现自身的愿望。

有一天，天色已晚，主人牵着老迈的驴子赶路，驴子不小心掉入一口深深的枯井中。虽然主人想方设法地帮助驴子摆脱枯井，但却毫无效果。最后，主人丢下绝望嘶鸣的驴子，一个人匆匆赶回家里。

次日，主人想到驴子最终会在枯井里饿死，不免觉得于心不忍。为此，他带着家里人扛着工具，准备去把驴子活埋了，减轻驴子的痛苦。看到主人回来了，枯井里的驴子很高兴，不停地扑腾着，想要爬出枯井。然而，在看到主人和其他人都在不停地往枯井里扔东西时，驴子意识到主人想要活埋它，不由得拼命地喊叫起来。渐渐地，随着扔到井底的东西越来越多，驴子也没有了动静，主人以为驴子已经死了，因而探头到井口查看下面的情况。让主人大吃一惊的是，驴子非但没有被活埋，反而不停地踩在他们扔下去的东西上，如今已经升到枯井的半高处了。主人不由得为驴子顽强的求生意识与聪明机智感动，因而赶紧召集家里人继续四处找东西，扔到井底。枯井渐渐被填平，驴子最后踩着那些东西纵身一跃，摆脱了枯井，高高兴兴地回家了。

显而易见，故事中的驴子非常聪明，所以才会踩着原本准备用来埋葬它的杂物和泥土等，逃脱枯井。挫折对于我们也是如此。假如我们被挫折彻底打倒，那么我们人生就会前景堪忧。反之，假如我们能够踩着那些磨难不断地向上攀登，这些挫折和磨难最终就会成就我们，使我们活出属于自己的精彩人生。

毋庸置疑，每个人都不喜欢充满挫折的人生，每个人都幻想着自己的人生一帆风顺。但是遗憾的是，现实是残酷的，从未有人拥有绝对顺利和平坦的人生之路，大多数人在人生路上都要经受各种坎坷挫折和磨难。我们必须承认，很多时候挫折带给我们的不仅是忧愁，也有欢欣鼓舞，也有成功的机会。面对挫折，我们必须更加积极努力，才能足够坚强，才能超越挫折，踩着挫折成长。

大名鼎鼎的李开复也曾经遭遇无数的挫折，他因为讲课不好被学生称为“催眠师”，后来做项目又遭遇失败，但是在面对挫折时，他始终保持强者的勇气和姿态，从未被挫折打败。挫折是强者的学校，是成功的养料。朋友们，当我们面对挫折，千万不要逃避退缩，而要昂首挺胸迎难而上。这样，我们的人生才能拥有成功的机会，我们也才能在不断的历练中成为人生真正的强者。

请别焦躁，该有的总会有

我们都知道，任何事情的发展都是有规律的，例如，太阳的东升西落，季节的寒来暑往。在这些无法改变的规律面前，我们需要做的只是努力，剩下的就交给时光。这是一种大气和洒脱，是一种从容和淡定。

生活中的人们，当下的你可能正处于困惑之中，可能你对现在所从事的事感到迷茫、觉得毫无希望，但是你可曾问自己：我做到百分之百的努力了吗？如果答案是肯定的，请别焦躁，该有的总会有，成功总有一天会找到你。

所以，我们千万不可把自己的主观意愿强加于客观的现实中，我们应该学会随时调整主观与客观之间的差距。凡事顺其自然，确实至为重要。

然而，在现实生活中，我们看到不少人内心焦躁不安，尤其是当他们发现自己努力过后依然看不到希望时，他们要么打退堂鼓，要么感时伤事，开始陷入迷茫混沌之中。其实只要你勤勤恳恳、不放弃，然后静静地等待，时间总会回报你。

在生活中，真正的赢家并不是那些聪明的人，而是那些看上去有些笨的人。因为他们认为自己不够聪明，勤能补拙，所以他们苦干，最终拥有了自己想要的生活，而相反，那些自以为聪明者，他们喜欢要小聪明，看到周围的人有更巧妙的方法，他们就投机取巧，似乎这样就显得比别人聪明一点，而最终他们往往输得很惨，所以智慧和实干比起来，实干更加不可或缺。

提到罗马纳·巴纽埃洛斯这个名字，不少美国女性可能都十分熟悉，她是美国第34任财政部长。然而，她曾经是个很贫穷的墨西哥姑娘，她在16岁的时候就结婚了，婚后有了两个儿子，而这段婚姻并没有持续很久。

不过巴纽埃洛斯很清醒地认识到，她唯一要做的且最为重要的事就是养活两个儿子，而且要给他们尊严。所以，她怀揣身上仅有的7美元，来到了洛杉矶。

刚开始，她给人洗碗，后来，只要什么工作挣钱，她就做什么，就这样，她艰辛地存到了400美元，然后以此作为创业基金，和她姨母共同经营玉米饼店，结果非常成功，并开了几家分店。后来，她经营的小玉米饼店铺成为全国最大的墨西哥食品批发商，拥有员工300多人。

在经济宽裕且拥有了一定的地位之后，巴纽埃洛斯便将精力转移到提高她美籍墨西哥同胞的地位上。她和许多朋友在东洛杉矶创建了“泛美国民银行”。这家银行主要是为美籍墨西哥人所居住的社区服务。如今，银行资产已增长到2200多万美元，但她的成功确实来之不易。当初，有人告诫她说：“美籍墨西哥人不能创办自己的银行，你们没有资格创办一家银行，同时永远不会成功。”就连墨西哥人也说：“我们已经努力了十几年，总是失败，你知道吗？墨西哥人不是银行家呀！”

但是，她始终不放弃自己的梦想，努力不懈。如今，这家银行取得伟大成功的故事在洛杉矶已经传为佳话，巴纽埃洛斯也成为美国第34任财政部长。

可见，人只有在内心坚定自觉地制订目标，内心的力量和头脑的智慧才会找到方向，才能忍受长时间的等待，才能一心向前。

其实，任何一种本领的获得、一个人生目标的达成都不是一蹴而就的，而是需要一个艰苦历练与奋斗的过程，正所谓“梅花香自苦寒来，宝剑锋从磨砺出”，任何急功近利的做法都是愚蠢的，做任何事情都要脚踏实地，一步一个脚印才能逐步走向成功，一口是永远吃不成一个胖子的，急于求成，只会适得其反，结果只能功亏一篑，成为一个拔苗助长的笑话。

人们常说：“一心不能二用。”的确，一个人如果心烦气燥，或急于求成，或六神无主，无论如何也不能把事情做好。要想做好事情，就得专心，有条不紊。人做事应该力求完美，做一件事就专心致志，那样才能享受到你做事情的快乐，并产生成就感，而你的能力也会相应提高，心态也会相应平和起来，如果每件事情都能这样做下去，形成了一个良好习惯，那么你以后做什么事情都可以有条不紊，思路清晰。

相反，如果你在做这一件事情的时候，心绪不宁，只想把它快点做完，但欲速则不达，最后的结果是，事情并没有做好，因而心情烦躁，不痛快。如果长期这样，你的做事效率就会越来越差，心态也会越来越浮躁。久而久之，你会一事无成。

总之，我们需要记住，无论做什么，一个太想成功的人，往往很难成功，太想到达到目标的人，往往不容易到达目标，因为欲速则不达，凡事不可急于求成。相反，以淡定的心态对之、处之、行之，以坚持恒久的姿态努力攀登，努力进取，成功的概率却会大大增加。

第03章 不要企图依靠任何人，依靠自己才能成就自己

有人说，人生就是一场“漫长战役”，而这场战役必须由我们每个人自己去打，其他人是无法代替的。若总是缺乏主动性和信心，那么，你的这场人生之战最终会失败。的确，我们每个人都要记住，每个人的命运，只能靠自己设计，只有依靠自己成就自己，因此人生路上，他人的谬见并不重要，别人的非议也不重要，重要的是你要掌握自己的命运；时刻坚信自己，才能战胜灵魂深处的弱点，才能成就强大的自己。

想要有所作为，就要学会靠自己去成功

一个人想要有所作为，就要学会靠自己去成功，依靠他人永远不会成就杰出的自己。你的工作别人可以帮你做，饭总不能别人帮你吃；实际动手的事可以聘请他人来帮助你，思考却没有人能够帮你；别人可以帮你管理，却不能代替你增长能力。一个人要学会合理运用众人的智慧和劳动，也要学会靠自己来增长才干，靠自己去成功。

我们常常爱说“在家靠父母，出门靠朋友”； 可现实中，有几个人是靠朋友的施舍而生存的呢？说我们靠父母，倒是确有其事，当代的年轻人，一出生就是家中唯一的宝贝，几乎所有的人生路都是父母帮我们安排好，我们只要乖乖地在上面走就不会出现大的差错，当然走路还是要靠自己。不过，如果你想成为一个杰出的人，按照父母的安排去做事恐怕还远远不够。

一个杰出的人首先要有自己的想法和独特的灵魂，这是没有人能够帮你办到的，只有你自己在学习、实践的过程中，形成对世界、对人生的独特看法，才可能让你的目光更深远，让你的眼光更准确。一个任人摆布的玩偶是不会有自己的想法

的，许多人在成年之前被要求不能有自己独特的想法、而任由世俗的想法、父母的想法来摆布。这是因为我们没有独立的经济能力，一旦我们拥有，我们就开始希望自己能够自由地活着，能够按照自己的意愿活出另一种人生，而这也是一个杰出人才应该拥有的最基本素质。

如果一个人不太任性的话，那么他就会明白自己肩上担负着一定的责任和重担。所以“活出你自己”这种洒脱的话不是人人都能喊出来的。

一个人想要成为杰出人士，就要不断地为之而奋斗，这种奋斗绝不是依靠别人就能够做到的。父母可以给你铺好路，但是他们铺就的道路绝大多数都是用他们认为对你最好的、最不让你受苦的那条路，你不一定要接受。有自己的想法，清醒知道自己将要走哪条路的人，最终才会沿着自己的路到达自己想要到达的地方，而不是别人想要你到达的地方。

许多成功人士，他们往往是靠自己经过了一番艰苦卓绝的奋斗才走到了今天。松下电器的创始者松下助之幸，出身于贫民，既没有显赫的家世，也没有优越的人际关系，他的成功完全是自己一步一步打拼和努力出来的。美国著名科学家发明电灯的消息传到日本时，松下幸之助立即决定辞去原有的有固定收入的工作，和妻子两个人在没有资金、工作经验几乎是零的情况下，着手创办新企业。他的第一项产品是双插座接合器，制造工厂就在他家的客厅。就是靠着这样的独自拼搏的精神，松下电器才在10年内成为日本电器行业的领导者，松下幸之助也成为“卓越”的代名词。

在现实生活中，我们往往习惯于依靠他人，如女人希望嫁一个能力不凡的丈夫，男人希望得到贵人、伙伴的帮助，刚刚参加工作的年轻人希望得到一个天赐的机会。这些都无可厚非，能够依靠别人的力量和智慧去追求自己想要的东西本身也是一种能力。但是依靠别人不能够成就自己，一旦这些人离开你，不再帮助你，你会发现自己寸步难行，与其陷入这样的尴尬境地，为什么不让自己成为一个被大家依靠和需要的人呢？

杰出的人懂得，只有掌握在自己手里的实力才不会消失，只有自己的人格魅力和品格不会背叛自己，只有自己的思想是别人拿不走的，因此他们总是想方设法充实自己，成就自己，依靠自己去成功。

想要在人堆里寻找安全的感觉是这个世界上风险最大的事情，你不是一个人在战斗，但别人也不可能代替你去战斗，想要成就杰出的自我，就要靠我们自己不断独立思考，不断充实自己，让自己更优秀。父母能替你铺路，却不能替你走路；老师能够教给你知识，却不能帮你把知识储藏在脑子里转化成智慧；别人能够影响你的态度，却不能成就你的未来。

成熟的人懂得自己为自己的人生负责，懂得不依靠，不依赖别人，独立思考，自己下决定，走自己的路，因此他们总能比别人更加成功。

你的优势助你提升竞争力

做自己永远比做别人更轻松，更容易得到他人的认可。每一个优秀的人的成功模式都带着鲜明的个性色彩，当大家实力相当的时候，自我特色将成为一个人赢得竞争的砝码。

一个人的核心竞争力不是知识，也不是做事能力，而是那些别人学也学不到的特色，是只属于你自己的品格和智慧。知识可以学到，能力也可以训练，只有那些别人学不来的东西，你自己的特色，才可能成为你的核心竞争力。每一个优秀的人达到了一定程度以后，可能在人际关系上，在技术和管理方式上，在心理素质上都是旗鼓相当的，这时候靠什么决定一个人的胜败？特色，一个人，一个产品的特色将决定他的命运，决定他最终是胜出还是被淘汰。

有的人靠勇气，凭着一往无前的拼搏精神、敢闯敢干的勇气来胜出；有人靠用不尽的激情和热情来胜出，有的人靠冷静严谨的分析而胜出，有的人靠灵活而机智的头脑胜出，有的人靠泱泱大度而胜出，有的人靠真诚诚信而胜出。那么你想好了吗？你将靠什么而胜出？你是否有特色？

那些自身看来毫无特色的人，常常都是庸人，一个杰出的人往往都是有着强烈的个性、强烈的自我特色的。古今中外，无论哪个领域的杰出人士都是如此，李白靠的是他的潇洒自若、仿佛谪仙的气度；杰克逊靠的是他无与伦比的舞台表现力；贝多芬靠的是他抗击命运的坚毅；奥巴马靠的是他的热情坚持和演讲才华。总之，一个人拥有自己的独特之处，拥有自己的特色更容易被人们注意和发现，更容易在竞争中胜出。

年轻人不要轻视自己的特色，一定要着力培养自己本该有的特质。很多年轻人都推崇“中庸”之道，认为没有特色就是最大的特色。然而，一个人做人尽管“低调”“中庸”，但是做事却应该有自己的特色，或者谨慎周密、追求完美，或者眼光准确、决策迅速；或者雷厉风行、做事果断，而不应该畏惧别人的眼光，让自己成为一个毫无特别之处的人。

这个世界上只有普普通通的凡人和个性杰出的大师，我们应该学会欣赏别人的特色，并培养自己的个性特色。

怎样培养自己的特色？我认为应该从以下几个方面去实施。

其一，勤于思考。不同的思想是一个人有别于他人的根本，勤于思考的人，做事方法和思想深度往往都是与别人不同的。阅读是解读他人思想的一种方式，我们可以通过阅读看到别人的想法，看到更深远的世界。思考则是对自己内心的深入研究，也许通过一次阅读就能够引起自己心灵的共鸣，引发自己独特的思考。年轻人一定要勤于独立思考，遇到事情有自己的想法和思路，这样很快你就会有自己独特的思想，形成独特的观点和做事方法。

其二，对于自己个性上有缺点的地方，不要急于改正，而要看它对你所做的事情有没有积极的帮助。每个人性格上都有一点特别之处，对于那些缺点，不要一律否定，不要急于改正，一定要看看它对你目前或者将来的事业有没有阻碍，有没有帮助，有时候缺点恰恰是成就你的因素。李白潇洒狷狂，却成就了他诗人的人生；李煜浪漫多情却断送了他帝王的前途。

新东方的创始人俞敏洪性格温和，所以新东方由小变大和在公司改革的过程中变得极其艰难。但是他更加明白，这种看似和稀泥的温和的意义，“如果我是以一种非常强硬的姿态出现在新东方人的面前，那新东方早就散架了。”新东方人都是知识分子，知识分子最怕的是自尊心和尊严受到伤害，有的时候直截了当的语言都是不能接受的，“(我的这种性格)算是一种黏合剂，因为大家感情上不会受到彻底的伤害——互相伤害都是有的，但是不会感到被彻底伤害。反过来说，假如我受到了彻底伤害，我是能够吃得住的，这样就比较好办一点。”正是他这样看上去“软弱”的性格却对团队的团结起了很好的作用，而使企业没有出现大的裂变，一直向前发展。这不仅仅是俞敏洪的一个特色，也是新东方的一个特色。

其三，敢于做独一无二的自己。一个人想要形成自己的特色，最初肯定会受到大家的质疑甚至打击，越是有棱角的人越是会受到更多的磨砺，而越是受到磨砺的人才会越杰出，这是一个过程。想要形成自己的特色，想要自己的特色被人接受，就要经受住语言的嘲讽和打击，能够接受别人的冷眼，才能最终被大家欢迎。摇滚一开始的时候受到多少人的质疑和批评，可正是它的特色让它最终作为一种音乐形式生存了下来。

一个人在思想上做好了准备，才能形成自己的特色，这样才能逐渐被更多人接受。妥协是一种方式，在妥协中让自己的特色像小草一样从石缝中蔓延开来，才是真正的有本事。在这个世界上人是最特别的存在，人的存在证明，用特色求竞争才能在竞争中生存。

请记住，没有人有义务帮助你

生活里有一个很奇怪的现象，即有些人请求别人的帮助时内心没有忐忑不安，而是觉得理所当然。这样的人往往一生下来就有很多人宠他、爱他、罩着他，他生活在别人的关心和翼护之下，渐渐地，误以为所有人都欠他的，都应该没有任何条件地支持他、帮助他。这样的人也许童年会很幸福，然而随着时光的流逝，那些曾经无条件爱他的人渐渐老去，当需要他独自面对这个社会的时候，他就会茫然无措、无法适应。其实，这世上，没有人有义务帮任何人。

呱呱坠地的时候，我们还是懵懂无知的婴儿。这个时候，我们的父母会倾尽所能地给我们吃，给我们喝，把我们养育成人。长大之后呢？父母老了，那个世界上最爱我们的人渐渐远去了，我们还能依靠谁呢？当我们向别人伸出求救的手时，别人帮助我们是人情，不帮助我们则是公道。因此，我们必须做好得不到帮助的准备。在这个世界上，每个人活着都是很艰难的，而人生，则是由一个个坎组成的。我们必须勇敢地面对这一切，即使风再大雨再狂，我们也不能放弃。在人生无数的坎坷和磨难中，支撑我们一路走来的不是别人的帮助，而只能是我们自己的坚韧不拔的心。所以，不管什么时候，都不要奢求别人的帮助，只有自己才是靠得住的。当你遭到别人拒绝的时候，也千万不要抱怨对方，因为这个世界上没有人有义务帮你，你必须自己帮自己。

杨阳已经和女朋友相处两年多了，今年，他们想要结婚。原本，杨阳以为婚姻是两个人的事情，而当婚事提上日程之后，他才惊讶地发现，结婚其实是两家人的事情。对于婚事，女友的父母提出了很多的条件和要求，其中重要的一条就是一定要有房有车。杨阳刚刚大学毕业两年，哪里有能力买房买车呢？为此，他很发愁。不过，比他更发愁的是他的父母。眼见着儿子就要成家了，婚事却很有可能因为房子、车子的问题告吹，老人家当然着急了。家里人都开始帮着借钱，然而，对于大城市的房价而言却是杯水车薪。

这时，杨阳想到自己大学时的好朋友如今开了一家公司，经营得还不错，所以，他便想到向同学借钱。一天，杨阳在电话预约之后专程去找同学，刚开始的时候，同学非常热情地接待了杨阳，然而，一提到借钱，他却毫不犹豫地说："我的钱都是有用项的。尽管公司有一部分流动资金，但是那个钱是不能动的，因为公司的运转全靠它呢。至于其他的钱，有的投资基金了，有的用于发放员工福利、购买设备。总而言之，每笔钱都有用处。所以，我真是爱莫能助啊！"当得知杨阳是因为要结婚买房才借钱时，同学忍不住对杨阳说："我劝你也别向其他人开口了。俗话说，救急不救穷。你看，现在房子一路看涨，谁有钱不想买房而借给你呢？你这种情况，完全可以结婚之后两个人一起努力买房，没有必要非要在婚前买房啊！你也不要因为这件事情使父母跟着犯难，他们已经供养你读完了大学，剩下的事情都要你自己去搞定了。兄弟，记住我说的话，没有人有义务帮你，一切都只能靠你自己去创造。"

听了同学的话，杨阳若有所思。是啊，父母已经老了，辛苦了大半辈子才把自己抚养成人，自己有何颜面再让他们因为买房的问题跟着着急上火呢！至于同学，每个人都是自己辛辛苦苦地奋斗出来的，每个人都有自己对于生活的安排和计划，自己又怎能向他们张口呢？想到这里，杨阳心中释然了。

不到万不得已的时候，最好不要张嘴乞求别人的帮助。要知道，每个人都有自己的生活，每个人都有自己的难处。假如一遇到困难就向别人求助，那么，未来人生中无数的难题我们该如何应对呢？事例中，杨阳同学的话很有道理，救急不救穷。我们可以因为事发突然找周围的亲戚朋友借钱周转，但是最好不要因为买房买车之类的事情张嘴向别人借钱。如今，理财的观念深入人心，每个人都有自己对于金钱的规划，我们又何必因为自己的需求贴着脸去打破别人的生活计划呢？

记住，没有人有义务帮你。即使是你的父母，在含辛茹苦地把你抚养成人之后，你最应该做的事情是报答他们，而不是继续啃老，让父母再为你操心。所以，我们一定要自立自强，凭借自己勤劳的双手创造生活，而不要企图依靠任何人。

唯有你自己，是你自己的依靠

当我们感到无助而又无望的时候，我们总是习惯性地把希望寄托在别人身上，幻想着能够得到别人的帮助，能够改变目前的现状。殊不知，别人根本无法改变你命运的轨迹，即使别人愿意帮你，也只是帮得了一时帮不了一世。归根结底，你的命运掌握在你自己的手中，只有你，才是你自己的救世主。

回顾我们的人生经历，不管是牙牙学语的时候，还是满怀理想的大学时代，抑或是步入社会走上工作岗位之后，总是离不开亲人和朋友的陪伴。然而，随着时间的流逝，他们在我们的生活中扮演的角色越来越不同。就以和我们最亲、最爱的父母为例。记得小时候，每当无助的时候，我们总是第一时间想到爸爸妈妈。那个时候，不管稚嫩的我们有什么要求和条件，父母都总是想方设法地满足我们。随着我们年岁渐长，他们渐渐老去，曾经就像我们头顶一方天的他们无法再给我们遮风挡雨，反而需要我们的精心照顾。这就是生命的轮回，也是人生的无奈。曾经，这个世界上最疼爱我们的、无条件帮助和扶持我们的那个人老了。这个时候，我们还能靠他们吗？我们应该努力使自己成长起来，为父母撑起一片天空。再以朋友为例，大家都知道，人生路上离不开朋友的陪伴。几乎每个人都有朋友，或者是同学、同事。很多时候，我们需要他们的帮助，然而，因为社会分工不同，因为每个人都有每个人的家庭，他们不可能毫无原则地帮助我们。这个时候，我们需要依靠的依然是自己。人生的路是漫长的，解决了一个困难，也许在下一秒内下一个困难就会接踵而至。在这种情况下，难道我们始终向别人伸出求援的手吗？即使你伸出了求援的手，等待你的也许是帮助，也许是拒绝。如此想来，与其事事都指望得到别人的帮助，莫若我们在遇到困难的时候首先想到自己，这将会使我们少走很多弯路。

很久以前，有一个年轻的农夫很讨厌面朝黄土背朝天的生活。所以，他决定去城里闯荡，过那种无须和土地打交道的日子。但是，因为他既没有上过学，也没有什么特殊的手艺，所以，他在城里的生活始终困顿不堪。一次，他不幸遭遇了车祸，失去了一条腿。转眼间，一年过去了，他不仅花光了身上所有的积蓄，而且始终没有找到合适的工作。就这样，他不得不沦为乞丐。

一个偶然的机会，他听说有一位神秘的智者能够指点人们改变命运的方法。穷困潦倒、身无分文的农夫决定去寻找智者，因为他已经不知道未来的生活应该如何继续下去了。走了很多弯路，他终于见到了那位智者。智者果然有着与众不同之处，看到衣衫褴褛的农夫，智者丝毫没有怠慢他。他很热情地请农夫入座，并且还亲手端上了茶水。得知农夫的来意后，智者疑惑不解地问："你为什么会沦为乞丐呢？"

农夫羞愧地说："因为我想来城里发财，不想再继续耕种了。"

智者更加疑惑了，问：“看你现在的情况，为什么不回家呢？”

农夫吞吞吐吐地说：“我现在的情况还不如当个农夫呢，根本没脸回家啊！”

智者继续问：“你家现在还有什么呢？”

农夫说：“只有几亩荒废的土地和我了。”

听到这里，智者欣然说道：“赶紧回家吧，你完全可以从此改变命运！”

我们总是奢望毫不费力地改变自己的命运，却忘记了打开命运之门的钥匙就在我们手中。尤其是当身处困境的时候，我们更是不应该把所有的希望寄托在别人身上。因为，即使贵人能够助我们一时，也需要我们自己积极、乐观地面对这一切，才能改变我们的命运。对于一个深陷绝望、悲观无望的人来说，即使别人再怎么帮他，也是不可能改变他的命运的。事例中的农夫，假如能够接受智者的劝告，回到家中安心耕种，那么，他很快就能摆脱乞丐的命运，成为一名合格的农夫。相反，假如他始终执迷不悟地在大城市游荡，过着漂泊无依的生活，那么就注定他的下半身都将是一个沦落的乞丐。如此看来，能掌控命运的不就是咱们自己吗？

不要等到绝望的时候再去奢望抓住命运，在生活中，每一分每一秒，我们都应该牢牢扼住命运的咽喉，掌控自己的命运！

被人落井下石，与其争辩不如自己站起来

如今，随着社会的发展和经济的繁荣，人心似乎也变得叵测了起来。曾经，邻居之间亲如一家的现象越来越少见了，一辈子的同事和朋友也越来越少了，一切似乎都和利益挂钩了，就连爱情，都有些变味道了。人们必须付出更多的时间和精力来应对复杂的人际关系。其中，因为竞争激烈的缘故，职场上的人际关系则更显得复杂。很多时候，为了得到千载难逢的工作机会，原本的朋友也许就变成了敌人，原本并肩作战的同事也许就变成了水火不容的竞争对手。当遇到别人对我们落井下石的时候，我们应该怎么办呢？是抱怨诅咒吗？还是把对方当成空气？甚至是与其针锋相对地理论一番？大凡被人落井下石的人，一定是遭遇了人生的低谷，这时，倘若花费大量的时间和精力与落井下石之人进行无谓的争辩，其实是得不偿失的。聪明人不会在这方面浪费时间，而是抓紧时间站起来，让对方看到他的阴谋诡计没有得逞，你依然傲然挺立。要知道，落井下石之人无非是想趁着你走霉运的时候再踩你一下，假如你勇敢地站起来了，对方的计谋自然就落空了。

在生活中，其实没有人是一帆风顺的。人生，总是波峰与波谷相互交叠，不可能永远处于波峰，也不可能永远处于波谷。所以，得势的时候，我们更应该谦逊，应该帮助那些陷入

逆境的人，切勿扬扬自得，得意忘形。失势的时候，我们也无须自觉低人三分，因为每个人都可能遭遇这一天。正派的人不会嘲笑一个在逆境中始终不屈服的人，因此，只要你努力了，就可以骄傲地向所有人宣称：我不是弱者！这种情况下，假如有人对你落井下石，被人耻笑的不是你，而是他！因此，你所要做的就是坚强，坚定不移，继续努力！站起来，给所有人看！

张杰和陈沛是一起进公司的大学毕业生。从硬件方面来讲，他们俩不相上下，因此，老总把他们全都安排在销售部门，希望能够从他俩之中发现“真金”。

有一次，公司要上马一个新项目，因为担心市场的饱和度，所以老总亲自委派张杰和陈沛进行市场调研。两个月的调研期，张杰每天都窝在公司里，偶尔从网上找找历年的销售资料作为参考。而陈沛呢？自从老总的任务下达之日起，他几乎每天都要去全市的各大卖场进行调查，查看各个商家、代理商和电商对于同类产品的销售情况。功夫不负有心人，陈沛两个月的时间跑烂了一双鞋，同时也掌握了大量的一手资料，还总结出了很多详实的数据。在公司召开会议的前一天，张杰找到陈沛说：“你的调研报告写完了吗？借我观瞻观瞻啊！”陈沛虽然心里有些犹豫，毕竟这份报告是自己两个月的心血啊，不过，面薄的他却不好意思拒绝张杰。就这样，他把报告给了张杰。一个多小时之后，张杰才把报告还给陈沛。

次日，公司的会议准时召开，张杰抢先把自己的报告交给了老总。当场，老总就把张杰的报告公布了，并且让大家对其各抒己见。看着张杰的报告，陈沛傻眼了。原来，张杰的报告上所引用的数据和陈沛的一模一样，陈沛知道，自己的心血被剽窃了。看着得意扬扬的张杰，陈沛一语未发。他知道，倘若自己现在站起来和陈沛理论，只会让别人更加误会自己。面对老总的询问，陈沛说自己的报告还没有完成，需要延长几天的时间。对此，老总很生气，说陈沛对待工作的态度不够认真。此时，张杰在一旁幸灾乐祸地说：“张杰，你的鞋底都磨穿了，到底是为工作忙的，还是借机出去和女朋友压马路了呀！”在大家的哄然大笑中，陈沛的脸都红了。

会议一结束，陈沛就连夜完善自己的报告。他不仅在报告中详细列举了调查数据的来源，而且根据市场行情对于公司即将上马的项目进行了合理详尽的规划。果然，在随即举行的论证会中，老总让张杰说说自己对于项目的规划，张杰说得驴唇不对马嘴，而陈沛呢？因为所有的数据都是他亲自调查得来的，所以他说起规划来胸有成竹、有条有理。至此，大家不问也知道张杰的调查报告是怎么回事了。

在这个事例中，假如陈沛当时就和幸灾乐祸的张杰理论，那么也许更容易招致老总的反感，导致自己没有机会参加随即举行的论证会。他是很明智的，他忍气吞声，就是面对张杰的落井下石，也喜怒不形于色。在会议一结束，他就赶紧连夜完善调查报告，最终扳回了这一局面。

很多时候，争辩并不能解决问题，而只会使问题更加复杂。倘若我们能够保持理智和冷静，机智地面对他人的落井下石，赶紧以自己的实力向别人证实自己，那么，我们就能打破他人的阴谋诡计。

第04章 只有合理规划人生，方能把控自己人生的方向盘

在漫长的人生路上，凡事都需要规划。没有规划的人生必然混乱不堪，唯有规划清楚的人生，才能秩序井然。在遇到突发状况时，也才能从容坦然、冷静理智地面对。当然，人生的难题是无法避免的，因为难题就是人生不可或缺的养分之一。但是，我们可以合理地规避人生的阻碍，从而加快自己进步的速度。这样一来，我们的人生自然会与众不同。

心有多大，舞台就有多大

世界到底有多大？不同的人眼里有着不同的答案，因为每个人的胸怀是不一样的。心是什么？是理想、追求、抱负、胸襟、视野和境界。有一等胸襟者，才能成就一等大业；有大境界者，才能建立丰功伟业。当心变大时，我们就多了一对眼睛、一双手、一副耳朵。不管我们能不能做出一番大事业，我们都不要丢了自己的那颗拥有大境界的心，就算是平凡的小事，相信我们也能用心去做到更好。心有多大，舞台就有多大，放眼未来，我们的世界将会更加宽广。

《庄子》中的《逍遥游》讲过这样一个故事：

北方有一个大海，海中有一条叫作鲲的大鱼，宽几千里，没有人知道它有多长。它变成鸟，叫作鹏，它的背像泰山，翅膀像天边的云，飞起来，乘风直上九万里的高空，超绝云气，背负青天，飞往南海。

蝉和斑鸠讥笑它说："我们愿意飞的时候就飞，碰到松树、檀树就停在上边；有时力气不够，飞不到树上，就落在地上，何必要高飞九万里，又何必飞到那遥远的南海呢？"

正所谓“燕雀安知鸿鹄之志哉”，那些蝉和斑鸠的眼光如此短浅，它们又能看到什么呢？所以说它们根本理解不了大鹏的志向和眼光。心有多大，世界才有多大，如果你没有强大的心灵，没有坚定的信念，没有远大的志向，那么你看到的天地真的是极为狭窄的。想要成为大鹏一样的人，必定要比常人忍受更多的艰难曲折，忍受心灵上的寂寞与孤独。这样经过岁月的洗礼，他们定会把自己的心灵锻炼得更为强大，把自己的视野开拓得更为广阔，那么他们眼下的世界将会比他人更大、更精彩。

李斯是秦朝的丞相，为辅佐秦始皇统一并管理中国，立下汗马功劳。可少有人知，李斯年轻时只是一名小小的粮仓管理员，他的立志发愤，竟然是因为一次上厕所的经历。

那时李斯26岁，是楚国上蔡郡府里一个看守粮仓的小文书。他的工作是负责仓内存粮进出的登记，将一笔笔斗进升出的粮食进出情况记录清楚。

日子就这么一天天过着，李斯不能说完全浑浑噩噩，但也没觉得这有什么不对。直到有一天，李斯到粮仓外的一个厕所解手，一进厕所，尚未解手，却惊动了厕所内的一群老鼠。这群在厕所内安身的老鼠，瘦小枯干，探头缩爪，且毛色灰暗，身上又脏又臭，让人恶心至极。

李斯看见这些老鼠，忽然想起了自己管理的粮仓中的老鼠。那些家伙，一个个吃得脑满肠肥，皮毛油亮，整日在粮仓中大快朵颐，逍遥自在。与眼前厕所中这些老鼠相比，真是天上地下啊！人生如鼠，不在仓就在厕，位置不同，命运也就不同。自己在上蔡城里这个小小的仓库中做了8年小文书，从未出去看过外面的世界，不就如同这些厕所中的小老鼠一样吗？整日在这里挣扎，却全然不知有粮仓这样的天堂。

李斯决定换一种活法，第二天他就离开了这个小城，去投奔一代儒学大师荀况，开始了寻找“粮仓”之路。20多年后，他把家安在了秦都咸阳的丞相府中。

我们可以平凡，可是我们要拒绝平庸，如果甘心做一只井底之蛙，那么真的是一件非常悲哀的事情。你眼下的世界有多大，全在于你的心有多大，心看得越远，你走得路也会越长。李斯的成功正是因为他从生活中受到启发，及时走出了自己的小天地，不断放眼未来，从此才有了自己大展宏图的机会。

一个人的心胸有多宽广，舞台就会有多大。进取心和想象力是成功的起点，也是最重要的心理资源。目光高远，不抱怨，不随意发牢骚，时刻想着提高和进步，是成功者最重要的品质。请记住红顶商人胡雪岩说过的这一句话：“做事一定要看大局，你的眼光看得到一省，就能做下一省的生意；看得到一国，就能做下一国的生意；看得到国外。就能做下国外的生意；看得到天下，就能做天下的生意。”

合理规划金钱，才能享受自由和快乐

人人都把一句至理名言挂在嘴边：金钱不是万能的，没有钱是万万不能的。由此可见，在物质极大丰富的现代社会，在欲望水涨船高的人心之中，金钱占据着多么重要的地位。现代人，有几个不为金钱苦恼呢？每个月挣两三千块钱，还要租房养活自己的人为钱苦恼；每个月挣两三万块钱，还要还月供养活孩子的人为钱苦恼；每个月挣十几万几十万，甚至成为大老板大富豪，也依然为钱苦恼。走在大街上随便拉住一个人问他缺钱不缺，他一定会毫不犹豫地点点头。为何人们对于金钱的欲望就像一个无底洞呢，不管挣多少钱，都无法获得满足感，更无法让自己对于生活的奢望全都一一实现。这就是金钱的本性，也是人们贪婪的本性。既然认识到这一点，我们就应该想明白：过于依赖金钱，会成为人生的桎梏。我们只有合理规划金钱，才能更好地安排生活，也只有摆脱金钱对人生的束缚，才能享受自由自在的快乐。

被金钱奴役的人，就像有一条隐形的锁链套在他的脖颈上，他时时刻刻都无法喘息。当然，肯定没有人愿意窒息，那么就不要被金钱如此扼紧命运的咽喉。想想我们的父亲母亲和爷爷奶奶吧，多年前，他们也许每个月只能收入几块钱，甚至务农的人连几块钱也没有，但是他们照样活得很快乐。我们呢？动辄几千过万的月薪，却觉得钱越发紧张啦。尽管有人会说那个年代的钱含金量高，但是生活水平也水涨船高了，这是毋庸置疑的。归根结底，我们对金钱永无休止的追求，还是因为我们的欲望太泛滥了。尤其是现代的很多年轻人，拿着高薪，却是月光族，还有些成为“负翁”。他们总是不知道规划，刚刚领到薪水的时候花天酒地，尽情享乐，而等到半个月一过，就开始吃糠咽菜，再也没有了此前的潇洒。如此日复一日，年复一年，他们养成了今朝有酒今朝醉的习惯，没有对人生的规划意识。这样的年轻人，必然成为金钱的奴隶，永远被金钱驱使。聪明人会当金钱的主人，把有限的金钱用在最需要的地方，从而让自己的生活变得从容。有些年轻人虽然薪水微薄，却能供养家里，还能挤出一部分钱来奉献爱心。他们就是金钱的主人，人生在他们的合理规划下，也必然变得更加从容不迫。

欣欣大学毕业后就来到大城市打工，看着这个五光十色的世界，她彻底地目眩神迷。刚来到单位的欣欣，看起来就像是个小土妞，穿着老气横秋的衣服，理着过时的头发。然而，半年之后，见到欣欣的人全都觉得大吃一惊，原来，她浑身的名牌货，头发也变成了枯黄的鸡窝头。正值中秋，欣欣回乡过节，简直让爸妈都吓了一跳。当爸妈问欣欣半年攒了多少钱时，更是大吃一惊。

原来，欣欣的工作是老乡介绍的，工资比较高，每个月都能赚到4500元。这对于在家辛苦务农的父母而言，几乎相当于全家半年的收入。但是欣欣半年来的工资，全都已经花光了。她不但一分没剩下，还想与爸妈要点儿钱交房租呢。听到欣欣这么说，爸爸气得火冒三丈，恨不得像小时候那样狠狠地揍欣欣一顿。在妈妈的仔细询问下，欣欣才说了自己的消费。原来，欣欣单位里的女孩子全都很时髦，为此，欣欣也学着她们的样子买名牌化妆品，买时髦的衣服，一条裙子就要七八百块钱呢，还买很多好吃的美食，诸如巧克力等。为此，欣欣每个月发工资时都是最高兴的，但是高高兴兴地花了半个月之后，就所剩无几了。那些女孩们也是如此，而且总是相互劝慰："女孩子将来找个好老公就什么都有了，那么辛苦节俭干什么！"听到欣欣的讲述，妈妈语重心长地说："欣欣，爸爸妈妈供养你上大学不容易，家里的猪马牛羊都卖完了。你现在大学毕业了，能挣钱了，我和你爸也老了，你弟弟还要上大学呢，咱们可不能学着大城市里的女孩子那样啊！"欣欣意识到自己错了，惭愧地低下了头，说："妈妈，我等到这次交完房租，一定每个月一发工资就给你们寄钱。"妈妈说："你就算不给我们寄钱，自己也应该积攒一些。人啊，一辈子哪能不遇到点儿事情呢，你独自在外手里分文不剩，万一需要用钱又去哪里找啊！"欣欣重重地点点头。

月光族的悲哀，相信很多人都深有体会。很多人都禁不住物质的诱惑，因而也就无法合理有度地消费。尤其是在现代社会，各种新鲜的产品层出不穷，一些人总爱追求物质享受。虽然每个人对于金钱的欲望都是无限的，但是我们能挣到的钱却是有限的。如何合理安排这些有限的钱花到最值得的地方，从而帮助自己把生活打理得更好，是每个人都应该具备的能力。

金钱就像一条河，在我们的生命中缓缓地流淌。如果你能成功地引导这条河，让它按照你的意愿流淌，你就是河的主人。相反，如果你始终盲目跟着湍急的河水奔跑，那么你就是河的奴隶。我们要学会治理生命中的这条河，这样它流经的地方才会鲜花遍野、生机勃勃。

打理金钱一定要掌握四个字，即开源节流。所谓开源，就是要努力挣钱，学会理财，而所谓节流，顾名思义，就是控制消费，消费有度。不管有多少钱，如果毫无节制地消费，总有花完的那一天，而且如果因为大手大脚花钱养成奢侈消费的习惯，那么人生就会成为无底洞，不管有多少钱也不够花。你也会因此而对金钱更加渴望，甚至因为受到欲望的驱使而做出违犯法律的事情，从而陷入人生的黑洞，再也无法逃离。钱都去哪儿了？都花在合理的、该花的地方了吗？我们只有弄清楚这两个问题，才能逃脱金钱的桎梏，享受理智的人生。

人生的“三座大山”，也可以是甜蜜的负担

在旧中国，人们的头上压着三座大山，即帝国主义、封建主义和官僚资本主义。在伟大领袖毛主席的带领下，人们推翻了三座大山，翻身做主人，建设新中国。改革开放几十年来，人们的生活水平得到极大提高，社会也飞速发展。然而，现代社会的人们依然面临着三座大山，那就是房子、车子和孩子。

尤其是在大城市生活的人，买房子几乎需要一生为之奋斗。至于车子，也许有人会说不是必需品，然而当你每天都要来回坐4小时的公交车去上班时，你就知道车子也是非买不可的。孩子呢，当然要生啦。中国人大多数还是很传统的，一则受到传宗接代思想的影响，二则如果夫妻结婚没有孩子，似乎爱情就没有结晶。正是在这两种观念的影响下，孩子几乎是在每个家庭都备受欢迎和喜爱的开心果。然而，当房子、车子和孩子齐备的时候，人们并没有奔向幸福，反而感到压力山大。首先，大城市的房子动辄几百万，除非有个富裕的老爹老妈可以啃，否则年轻人想要攒到首付都要漫长地等待，更别说买房之后高昂的月供了。车子呢，不但每年要交保险，每天只要一发动就要喝汽油。至于孩子，就更不用说了。孩子从在娘胎里开始，就要接受各种检查，还要给妈妈增加营养。到了呱呱坠地之后，更是一天都不能不花钱。纸尿裤要好几块钱一个，一天用

十几个；奶粉要几百块钱一罐，一个月喝好几罐；一个简单的小玩具就要上百块，孩子很可能只玩几天，甚至几小时。有的时候，孩子还会闹个毛病，去趟医院又是几百块钱，输液几天就要上千块钱。更别说等到上了幼儿园，一个月的学费比大学还要贵，难怪商家都蜂拥而至地挣孩子的钱呢，实在是因为孩子的钱最好挣。经受过这三座大山的人们，一提起这三座大山，简直是有说不完的话啊。然而，这三座大山并非是完全让人痛苦的，实际上是甜蜜的负担。对于没有房子的人而言，还月供是多么幸福的事情啊；对于没有车子的人而言，给车加油保养，是多么洋气的事情啊；对于没有孩子的人而言，有家有孩子是多么幸运啊！因而，我们应该合理负担这三项大的开支，这样才能让生活不局促。

总有些人做事不自量力，明明经济条件不够，却偏要买超级大的房子，为了还月供不得不勒紧裤腰带，不敢进行任何消费，导致生活没有乐趣可言，渐渐觉得枯燥乏味。有些人买车子明明是代步，却偏要讲究攀比，最终超出自己的支付能力，打肿脸充胖子。至于养孩子，弹性就更大了。有的孩子一个月花销几万，有的孩子一个月花销几千，要是在农村，一个孩子一个月有几百块钱就能生活得很好。因而，如果你觉得经济紧张，就要正确定位养育孩子的标准，也要根据自己的实际条件选择合适的房子和车子。所谓巧妇难为无米之炊。如果你给自己背上太重的负担，却挣的没有花的多，最终会导致经济崩溃，精神也会随之崩溃。由此可见，凡事适合自己才是最好的。

作为独生子女，苗迪不管什么事情都想做到最好。最近，她发现自己怀孕了，简直高兴极了。她迫不及待地去商场里，为即将到来的小宝宝买衣服鞋袜，这才发现婴儿用品怎么那么贵呢！一双小鞋子，要300多块钱，可能也就穿几个月。一张婴儿床，居然要好几千，好的要上万。几天的时间，苗迪就把老公的信用卡刷爆了。

后来，随着孕周越来越长，小宝宝降生的日子也越来越近，苗迪准备去医院预约。她看了好几家月子会所，接生和坐月子，下来都要十几万元。看到这个数字，一直隐忍的老公爆发了，说："生个孩子就要十几万元，那我们还养不养孩子了？"苗迪对老公好言好语，说："老公，我一辈子就只生一个孩子啊。"老公毋庸置疑地说："那也不能这么造啊，孩子生出来还要吃还要喝呢，难道生完了就不用再花钱了？"苗迪有些生气，说："你到底舍不舍得给我花钱？"老公看到苗迪生气了，马上换了语气好言相劝："我不是不舍得给你花钱，问题是咱们一共就还有七八万块钱。花完了，怎么办？而且，咱们大姑不是在省人民医院妇产科吗，多好的条件啊，公立大医院，也有熟人能关照，不比去私立医院好吗？咱们把这钱省下来，给孩子买奶粉，多好。而且我妈和你妈都生过孩子，完全能伺候你坐月子啊！”好说歹说，苗迪终于同意不去私立医院生孩子，也不去会所坐月子。幸好，他们做出了这样的决定。因为孩子刚刚出生，就有黄疸肝炎，还住了十几天保温箱呢！他们的七八万块钱，很快就花光了。经过这次突如其来的意外，苗迪也意识到有些积蓄很重要，因而在给孩子买东西时也不是越贵越好了。生活，把她教成了一个懂得勤俭持家的好妈妈。

在这个事例中，苗迪原本想在私立医院生，再去会所坐月子。如此一来，自然非常享受，但是经济明显吃紧。为此，老公极力反对，最终让苗迪恢复理智，不再这么铺张浪费。也因为孩子出生之后得了黄疸肝炎，苗迪经历了花钱如流水的日子，因为不敢再那么浪费了。

每个人都有属于自己的生活方式，我们无须羡慕他人的奢华，想想那些明星，结个婚生个孩子，动辄就成百上千万，怎么比得起呢。与其如此，不如不比，坦然安排好自己的生活就好。关于人生中的三座大山，只要合理安排，适度消费，就能成为生活的甜蜜。毕竟，居有定所，出行有车，还有孩子陪伴身侧，不是每个人都能享受的幸福。就让我们珍惜现在的生活吧，只有从内心攻破压力的围城，我们才能更加幸福快乐。

每个人小时候依靠父母供养，一旦长大成人步入社会，就要自己养活自己。而当成家立业之后，肩负的担子也会越来越重，因而就要学会合理规划，适度消费。实际上，很多人之所以陷入消费危机，就是因为他们自己造成的。如果我们不管做什么事情都能从自身的实际情况出发，不盲目与人攀比，我们的生活就会更加从容。

人生这条路，没有谁能替你走

高考将近，杨海林已经被保送到了大学。陈默也不愁，父亲早已为他联系好了一所国外的学校，到时候，他直接去国外读书，毕业之后回国接手爸爸的事业，人生之路一帆风顺。班上很多同学都很羡慕陈默，可陈默却一点也不觉得高兴。

陈默和几个好朋友在一起的时候，他们总会发出“人活着到底是为了什么”这样的疑问。这些朋友甚至包括是模范学生的杨海林，只不过杨海林随便叹叹，过后就忘了。

可是陈默不一样，这个问题一直纠缠在他的脑子里。有时候，他想：难道是因为人生都被爸爸安排好了，才会这样？而且，他一直很羡慕国外的教育和生活方式，老早就期盼着了。怎么现在快要去了，反而生出很多茫然？

反正是要出国了，高考参加不参加都无所谓，陈默就将时间花在了这个哲学问题上，到底自己想要什么样的人生？在网上，在图书馆，陈默看了很多的信息资料，这个说，人生是一个过程，一定要努力实现自己的梦想；那个说，人生就是一段旅程，一定要好好地享受生活……反正是众说纷纭，莫衷一是。陈默看来看去，一头雾水，还是找不到自己人生的方向。

思考了一段时间之后仍找不到答案，陈默放弃了，心想：反正也想不出个所以然，何必浪费那个劲，还不如好好玩一段时间再说呢。慢慢地，他又掉进网络游戏的陷阱当中。星期天，陈默来找杨海林一起玩，中午就在杨海林家里吃饭。吃饭的时候，陈默跟杨海林说起他最近玩的那个游戏，说得眉飞色舞、唾沫横飞。杨海林爸爸在一旁皱起了眉头，说："高考在即了，还有心思玩游戏？"

"叔叔，我爸已经联系好了国外的学校。"陈默毫不在意，"我就等着高考完了出国去，人生就那么回事，现在不玩以后不一定有机会玩了。"

听到这话，杨海林爸爸眉头皱得更深了，说："杨海林，陈默。"看着两个人抬起头来，杨海林爸爸才再次开口："你们现在正处于一个很危险的年龄段，需要思考的问题太多，如果不把握正确方向的话，很容易误入歧途。"

"爸，我知道你要说什么，好好学习，天天向上嘛。我们都懂的。"杨海林调皮地顶了句。

"不，光好好学习还不行。"杨海林爸爸不知道是没听出来杨海林话里有话呢，还是怎么着，一本正经地说，"现在科技那么发达，'两耳不闻窗外事，一心只读圣贤书'肯定是行不通的。你们平时上网的时候，也要多浏览各种新闻，学会从各种信息中辨别真假善恶，培养自己独立思考的意识。”

鼓励孩子上网，这可不是一般父母能做到的。杨海林和陈默这下可洗耳恭听起来了，“一个人一生想做什么，想成就什么样的事业，这不是凭空得来的，而是在后天的学习、积累过程中慢慢得来的。越早知道自己想要什么，也就越能成功。你们现在还不知道自己想要什么，很茫然，这是正常现象。”杨海林爸爸说，“孩子们，学业对你们来说非常重要，所以必须要在这阶段打好基础，不断积累自己的人生财富，只有你学得多了，你才能更明白什么是自己想要的。这需要你们多方面地吸取经验，学习知识，参与各种实践活动，从中寻找自己的理想、兴趣所在。人生确实是一段旅程，但是怎么走，却决定着你一路的风景。”

“说得好。”陈默竖起了大拇指，“叔叔，听您这一席话，我真的是备受启发。我们确实需要充实自己，不断努力，把控住自己人生的‘方向盘’，有方向才不会迷茫，才会有更大的希望。”

不光这些临近毕业的学生感觉迷茫，其他的人又何尝不是呢？时代的飞速发展，经济的繁荣，生活丰富多彩，很多人也在这五光十色的霓虹灯中迷失了自己，找不到人生的方向。不论是在何种情况下，如果不能确定自己人生的方向，或者不能朝着这个方向而努力，那最后的结果就只有失败。

朋友们，人生的方向盘需要自己去把握，没有谁能代替你去走完自己的一生，我们要为自己而活。你的目标是否坚定，也取决于这个目标是否出于你真正的意愿，是否符合你的实际情况，是否真正扎根在你的内心深处。如果一个人没有目标和方向，那么他就会变得懒散、懈怠、毫无方向、积极性差，所以说方向对于人生有着很大的指引作用，可以说是我们前进的动力，我们一定要好好把控。同时，在朝着自己目标努力的过程中，去不断修正自己的方向，才能自己掌握自己的人生。

调整思路，给自己留条活路

人生可以没有退路，也可以有了退路也不退，但是却不能没有活路。现实生活中，大多数人都仰慕成功者，而抱怨自己碌碌无为。实际上，成功者和碌碌无为者之间相比较，成功者并非有着多么独特的过人之处，也并非能力或者学识超出很多。大多数成功者，之所以能获得成功，是因为他们有着明确的目标，而且心思活络，在实现目标的过程中虽然勇往直前，但却不会一条道走到黑。任何情况下，我们可以没有退路，都不能没有活路，我们必须给自己留有活路，才能更好地及时调整自己的思路，做到顺势而为。

毋庸置疑，人生正因为有着明确的目标，所以才有前进的动力。可以说，目标之于人生，就像是灯塔之于漫无边际的大海。船只要想在大海上始终保持正确的航向，向着目标前进，就必须得到灯塔的指引。同样的道理，人生要想勇往无前，奔向目的地，也需要有目标的指引。毋庸置疑，每个人都渴望得到成功的人生，也愿意如同项羽一样破釜沉舟。遗憾的是，成功得来不易，在实现成功的过程中，我们必须付出很多艰难的努力，并且要保持坚韧不拔的毅力，决不放弃。和那些在人生之中漫无目的的人相比，唯有保持正确的人生目标，我们的人生才能更加充实，不被那些乱七八糟的烦琐事务打扰。

在世界马拉松比赛上，一位来自日本的选手出人意料地获得了冠军。对于这位默默无闻的选手居然夺冠，很多人都感到非常惊讶，记者蜂拥而至，特意来采访这位选手。记者纷纷提问："请问，您是如何夺冠的？"这位选手故作高深地说："凭借智慧。"记者听到这个回答觉得很好笑，毕竟马拉松比赛又不是国际象棋比赛，这位选手大概是敷衍了事，不想道出获奖的真谛吧。因此，记者没有追问。

几年过去，又到了世界马拉松比赛。这次，这位日本选手再次轻松夺冠。又有记者来采访他，他却依然轻描淡写地说自己是"凭借智慧"取胜。对此，大家都感到很纳闷，也对于这位冠军的故作高深感到很不满意。直到数年之后，这位日本选手出版了一本自传，人们才理解了他所说的"凭借智慧"取胜是什么意思。原来，大多数马拉松选手都把目标定在遥远的终点，但是这位选手心思很灵活，他很清楚如果盯着遥远的目标奔跑，自己很快就会疲劳。因此，他在比赛前先认真走了一遍比赛的线路，而且对沿途的标志性建筑或者植物，进行了详细的标记。每隔一段路，他就会选出一个有标志性的东西作为自己的短途目标。如此一来，他很轻松地奔到第一个目标，然后又很轻松地奔到第二个目标，以此类推，他对于自己划分的每一次短途跑步，都精神抖擞，精力充沛，速度也很快。

不得不说，这位马拉松选手虽然不给自己退路，但是却为自己留了活路。这样，在漫长的马拉松赛道上，当他感到疲劳的时候，就可以以近处的目标不停地激励自己，让自己勇往直前，以百米冲刺的速度不停地冲向一个又一个目标。

毋庸置疑，我们唯有确定目标，才能心态明确，从而保持飞速向前。但是，人生并不是一条道走到黑，人生的路也不可能永远一帆风顺。当我们因为人生的蜿蜒曲折，或者是坎坷不平，而感到心力憔悴时，即便不能后退，也完全可以想办法激励自己，坚持奋进。

人生在世，总是难以事事如愿以偿，我们必须耳听六路，眼观八方，根据事情的发展变化，随时随地调整自身思路，这样才能最大限度地发挥我们的能力，收获人生的成功。记住，目标要明确，思路要灵活，活路一定要有。

第05章 没什么大不了的，你痛苦是因为对世俗认识太晚

对于未来，我们总有这样那样的憧憬，总希望一展拳脚，总认为一切会按照自己的计划实现，然而，当现实告诉我们“no”的时候，我们才感觉被打脸了，而其实，我们的失望都是因为“理想很丰满，现实很骨感”，我们对现实生活和世俗没有全面、客观的认知，事实上，无论做什么，为了避免心理落差，我们首先要考虑的都是现实的因素。

如果能世俗一点，未必不是好事

刚刚从学校毕业的年轻人免不了有一点“书生意气”，可正是这样的书生意气会让你在现实面前碰得头破血流，还常常觉得这个社会生了病。在缺乏人生阅历的年轻人眼中，世界非黑即白，总觉得自己在坚持信念，坚持原则，可是世界上哪有绝对的事呢？很多事情其实在是非混淆的灰色地带，如果能够看开一点，世俗一点，未尝不是件好事。

很多事情，当你理解的时候，已经太晚了，人生的痛苦就在于对“世俗”承认太晚，以至于造成了很多无法挽回的错误。

如果天真地以为只要自己的能力出众就会被欣赏，你就会错过很多别人的提拔帮助的机会；如果以为只要有理想，意志坚强，就可以战胜一切，就会遇到越来越多的挫折；如果你以为只要相爱就可以过上美好的生活，就会陷入悲惨的爱情……你会渐渐发现，许多想法都太天真，都不适合现实的社会，当你用自己天真的想法去处理事情时，总是会遇到重重障碍，总是会不断受到打击。

这个社会是现实的，因此所有“世俗的一切”都有它存在的土壤，你可以看不起它，却不能否认它的存在。想一想你最终的目的，你要的真的是一个公平的、有原则的世界吗？你要的不过是让你的事情进行得可以顺利一些，想要实现这个目的，要做的不是抱怨世俗的无情，而是要学会向它妥协，学会迎合它，学会让它向你的方向倾斜。

说句不客气的话，每个人抱怨的并不是这个世界不公平，而是我处在弱势的一方，假设你今天处在强势的一方，你也许会庆幸“幸亏这个世界是不公平的”，世界上没有绝对的公平，也没有绝对的原则，很多原则往往是那些弱势者自己发明出来的，而只有不遵守它的人才能成为强者。当然，这个世界上更多的原则的确值得遵守，它们维持人们之间的秩序使人们和谐相处，这些原则一部分被当作条例遵守，一部分成为人们约定俗成的世俗，或者“道德”。

只有对这些世俗都有清醒的认识，你才可能不被现实中的“潜规则”击败，当强硬的手段并不能把事情处理得恰到好处，就需要对现实做一些恰当的妥协。尽快学会“妥协的艺术”，可以让你生活得更加轻松，游刃有余，同时可以缓和你的人际关系，让你成为一个受欢迎的年轻人。

你追求的并不是“我有青春我怕谁”，而是希望自己能够成功，能够在成功的路上遇到最小的阻力。凭着自己的意志力能够穿过千难万险，达成目标固然让人觉得敬佩；然而，如果有办法把前面的千难万险都化成对自己有利的形势，那不是更好吗?

在人生的道路上，人际关系就是这样一种艰险的形势，不善于利用它的人，就会觉得做起事来障碍重重，处处都需要打败别人，总有人在前面等着给自己出难题，总有人在为难自己。

我曾有个上司，她对于每个新进公司的人都会刁难一番，无论这个人有多小心翼翼，多谨慎，都会吃一顿排头。可是刚刚进入社会的年轻人，都是心高气傲的，谁会听从她的教训，大多数都是硬碰硬一番，或者离职，或者调到别的部门。个别性子软一点的，就保持沉默，既不妥协，也不反抗，用这种消极的反抗形式倒也能和她相安无事，不过还是处处遭刁难罢了。

我的其中一个同事就特别能利用这种形势，他总是在上司刚刚要发火的时候，就微笑着说“王姐，我知道错了，您帮我看看能怎么改改吧”。这种把自己的气势降低一点的方法，总是能恰到好处地讨到那位上司的欢心。其实，那位上司因为知道自己的能力不能服众，才会一再刁难别人以证明她的权威，唯一解决的方式就是承认她的权威，把自己的姿态放低一点，然后你才有可能顺利地做事，才可能得到提升。

不过据我所知，我的那位同事，是几年来唯一一个从那个部门升职上去的人。其他不愿意“屈从”、不愿意“委屈自己”的人，不是继续在吃排头，就是已经离开了那家公司那个部门。

“阎王好见，小鬼难缠”想要在社会上更好地生存，就要懂得一些世俗的方法，懂得让自己的姿势放低下来，这样才能遇到最小的阻力，甚至让“世俗”成为自己成功的助力。这才是一个成熟人的聪明的做法。不用老于世故，但起码要学会在形势面前低头，会低头的人，才能在将来挺胸抬头做人。

无论志向多远大，现实的生存能力都是第一位的

年轻人无论有多高的理想，有多大的志向，都要承认生存能力是第一位的，如果你不能在现实的压力下生存下去，就算有再高的志向又如何？如果30岁之前过于单纯幼稚，30岁之后你就会生存得倍加艰辛，更不要说实现理想。

很多年轻人眼高于顶，觉得一般的工作不能体现自己的价值，总觉得自己目前的工作似乎配不上自己，觉得在“掉价”。我曾听过一个小故事，一个即将毕业的研究生对他的导师说“现在的大学生就像街上的土豆，既多，又廉价”，导师后来请他吃饭，却让他待在厨房看那些土豆，“看到这种土豆没有，既小，卖相又难看，还有毒，白给也没人要；而另外一种土豆，个头又大，卖相又好，营养丰富，有多少卖多少”。最后，导师语重心长地说：“土豆和土豆也是不一样的。”

是啊，现在的年轻人，面临的竞争如此激烈，现实如此严酷，如果自己没有真本事，只凭着一纸文凭、一腔热血闯天下，恐怕不容易啊！所以说，现在并不是一个适合“指点江山，激扬文字”的时代，无论有怎样的梦想，都不能忽视生存的问题，因为这个时代虽然繁华，但如果你的生存能力低下，你绝对无法活得自在、活得潇洒。理想很重要，爱情很重要，但没有面包，所有的重要都会消亡。

美国最古老的一所中学——纳尔逊中学的门口有两尊黑色大理石的雕像，左边是一只苍鹰，右边是一匹奔马，300多年来，这两座雕像作为纳尔逊中学的标识一直矗立着。左边的那头苍鹰，是一头被饿死的鹰。这只鹰为了实现飞遍世界的远大理想，苦练各种飞行本领，结果忘了学习觅食的技巧，它在踏上征途的第四天就被饿死了。右边的那匹马是一匹被剥了皮的马，它开始嫌它的主人——磨坊主给的活多，上帝把它换到了农夫家；可它又嫌农夫给的料少，最终它来到了皮匠家，那里既没有工作，饲料也多，可是没几天，它的皮就被皮匠剥了下来。

可见，美国人对自己孩子的生存能力是多么的重视。而现在的年轻人在这方面受的教育就要少得多，少年还常常处在不知愁的时段，可是如果到了二十几岁，还不懂得向世俗低头，不懂得重视自己的生存能力，到了三十几岁再来当“啃老族”，恐怕你自己也不太好意思吧。

有理想固然不错，但人不能单单靠理想过日子，最切实的生存问题，年轻人一定要靠自己的能力来解决。能够解决自己的生存问题，才能为自己的理想负责，能够负责的人，才能够做一个独立的、自由的人，才能够谈理想，谈哲学，谈精神世界。

哲学家问船夫："你懂得哲学吗？"

船夫回答"不懂"。

"那你失去了一半的生命。"

"你懂数学吗？"

"不懂。"

"那你失去了百分之八十的生命。"

不久一阵大风把船打翻了，船夫问："你会游泳吗？"

"不会。"

船夫大声说："那你将失去百分之百的生命。"

看了这个笑话，你还为自己有多少才华、有怎样的文凭、怎样的抱负而扬扬自得吗？要知道每一个企业要的是能够为它带来利益、带来发展的员工，而不是有多少才华的"志士"，也就是说企业最终要实现的是自己的利益，而绝不是你的理想，如果你想实现自己的人生价值，就要让自己的理想为企业服务，和企业宗旨站在同一条线上。

只有这样，你才能生存，而现在年轻人普遍比较浮躁，眼高手低。刚刚一接触工作就觉得工作低贱，不能实现自己的理想。而工作真正上手了，又觉得自己的能力不够，这时候没有挑战自我的勇气，反而想着退缩，想着从事更为简单而薪水高的工作，沦为最现实的“物质主义者”，然而这样的好事哪会有？

有这样一句名言：“这世界上只有辛苦的人和懒惰的猪。”只喜欢好吃懒做，就注定只能任人宰割；只有懂得辛苦地工作，才能把自主的权利握在自己手里。年轻人必须让自己沉下气来，进入自己工作的角色，越早进入就意味着越早摆脱了“书生意气”，步入了事业的轨道。每天都要让自己更加成熟一些，更加现实一些，才能减少浮躁之气，才会变得更加稳重，堪当大任。

只有这样的历程才有助于你逐渐靠近自己的梦想，达成“大志向”，如果总是心存“这山望着那山高”的念头，则会让你始终处于一个“看得见，吃不着”的尴尬境地，最终被理想和现实双双抛弃。

别傻了，哪有什么绝对的公平

有些人总觉得这个世界太不公平了，这个世界太黑暗了，人性太复杂了等。那我要问你：你追求的当真是公平吗？如果这个世界是公平的，你是否就满意了？

找一找你心底两个问题的答案，也许你会发现，自己在意的从来就不是这个世界是否公平，而是这个世界不公平，因为我处在弱势的一方。如果给你换一个位置，如你是某官二代，或者富二代，你大概会感叹幸亏这个世界是不公平的。你不相信吗？这可是好多人的亲身经历。

有一次，公司发工资了，好多员工都发现自己的工资卡上多了几十到一百块钱，可是大家却没有在意这件事，认为也许是自己核算错了，说不定哪天自己多加了一个班？公司会计怎么会算错账？因此没有一个人去找经理要求退回多发的钱。可是第二个月，员工们却发现，自己的工资卡上少了几十块钱，于是大家都议论纷纷，结果发现很多人的工资数目都不对，于是大家认为这么多人都算错了，肯定是会计弄错了，大家找出了几个代表去找经理反映这件事。

经理来到车间，严肃看着这些员工说："你们大家都觉得很激愤吗？难道是因为你们觉得会计算错了账才去找我吗？还是因为少发了工资才去找我？上个月每个人都多发了几十块钱，为什么没人吱声说会计算错了账？这次事件是我故意的，工资可以补发给你们，可是我要你们记住，你们在意的不是公司对你们是不是公平合理，而是有没有亏待你们。你们会迅速忘掉你们得到的好处，而只记得吃过的亏，如果你们继续这样，你们就会常常吃亏。"

经理的话很有道理。我们不要抱怨这个世界太不公平了，而把自己的精力都放在怎样改变你目前的处境、怎样改变你所处的社会地位上。要知道这个世界没有绝对的公平，上帝决定你投胎在哪个家庭，这就已经是不公平的了。不要埋怨你的父母没有能耐，他们给了你生命已经是对你最大的恩赐；不要抱怨这个社会不够公平，它允许你作为一个人存在这社会上已经是最大的宽容了。一个受过高等教育的大学生焉不知“离乱人不如太平狗”的道理？生活在这个繁华的社会，就是最大的幸福，不珍惜眼前的幸福，而胡乱埋怨才是对生命最大的浪费。

一个懂得感恩的人，应该把所有精力放在感谢这个社会给了你一个展现自己的环境，感谢人们爱好和平，感谢这个社会如此繁荣、如此进步，让你享受到前人所享受不到的快乐和自由，繁华和便捷。并为社会做出更大的贡献来回报这一切。

如果我们眼中只看到阴暗面，那么我们的人格就会越变越阴暗，越来越不懂得知足，不懂得感恩，这样的人即使有一天走上了成功的巅峰，也注定要因为自己的阴暗人格而失败。一个成熟的人懂得只有永远从积极光明的一面看待这个社会，你的心理才会更光明，你才会更加乐观，这个社会才会永远都有希望，你的人生才会永远都有希望。

这个社会上没有绝对的公平，但是这个世界又是很公平的，它的公平之处就在于它已经让很多处在社会底层的人有了走上社会顶层的希望和途径；它的公平之处就在于每一个用自己勤奋和努力为这个社会上做出价值的人都被这个社会认可；它的公平就在于只要你足够努力就会有回报，尽管也许并不等价；它的公平之处就在于处在社会上层的人，愿意把本应该属于他们的一份成果分给其他人，他们可以不这样做，却这样做了。

所以，当你抱怨这个社会怎样怎样的时候，你应该想到，幸亏这个社会没有更糟；幸亏我没处在更糟的位置；我要怎样这个社会才能变得更好点，我的人生才会变得更好点。这样成熟和积极的心态会帮助你早日登上成功的顶峰，同时让你成为一个让人尊敬的、品格高尚的人。

愤怒不是力量，它只能产生毁灭性的后果；人生的意义在于建树，只要有了建树，你的人生才可能有价值、有意义，你才可能被更多人认可和尊重，这就是天底下最大的公平。

你感觉事事不顺眼，是因为你修养不够

脾气，是人的习性。当然，一个人的脾气有好有坏，有的人脾气坏，遇事冲动，对一些不顺心或自己看不惯的事情，常常容易生气或怄气，经常与人争吵，说出一些使人难堪的话，影响正常人际的交往。相反，脾气好的人，无论到哪里，都会

受到欢迎，大家都喜欢与他合作、共事。有人对此做过一项调查，通过调查发现：绝大多数的青年男女在选择配偶时，都把对方脾气好作为要求条件之一。即使在生活中，我们也明白，在一个家庭或小单位里，如果有一两个脾气不好的人，常常会使这个家庭或集体不和谐，另外，坏脾气对我们的身体也有危害，试想，一个动不动就生气的人，他的心脏会经受得住刺激吗？所以，克制自己的情绪，将坏脾气化成挑战力，为自己加油！

坏脾气的人，看到别人总是感觉不顺眼，事实上，心理学家告诉我们：看别人不顺眼，是自己修养不够。一个人的优雅关键在于控制自己的情绪，坏脾气的人习惯于用嘴伤人，实际上这却是最愚蠢的一种行为。

从前，有一只坏脾气的乌龟住在水池里，另外有两只大雁经常来水池里喝水，一来二去，坏脾气的乌龟和两只大雁成了好朋友。

有一年干旱了，水池里的水干涸了。乌龟没有办法生存，只好决定搬家，正巧，两只大雁又飞来了，三个好朋友闲谈了起来，乌龟得知两只大雁将要去南方生活。它心中一动，不如跟着大雁一起去南方生活吧。可是，自己不会飞，怎么办呢？乌龟将自己内心的想法告诉了好朋友大雁，聪明的大雁找来了一根树枝，让乌龟咬着中间，两只大雁各执一端。飞行之前，两只大雁嘱咐乌龟：“千万不要说话，一说话就掉下去了。”

说完，就扇动翅膀向蓝天飞去了。

大雁飞过了翠绿的田野，飞过了蔚蓝的湖泊，地上的孩子看见了，觉得这个组合很有趣。有孩子拍手笑起来："你们看呀，那只乌龟很滑稽啊。"乌龟本来还扬扬得意，听到孩子这样的嘲笑，心中大怒，想开口责骂那些调皮的孩子，可是，嘴刚一张开，它就掉了下去，碰到了一块大石头死去了。一只大雁扇动着翅膀，叹气说："坏脾气是多么不好呀。"

坏脾气的乌龟因为自己的坏脾气而丢了性命，在现实生活中，我们也常常因为坏脾气而伤了和气，破坏了和谐关系。总而言之，坏脾气不仅令自己苦恼，而且，还会给身边的人带来伤害。一个人的坏脾气，常常与娇生惯养、过分溺爱或得不到家庭的温暖、父母要求过于严厉有关，另外，人生道路的平坦或坎坷，对脾气也会产生重大影响。虽说，一个人的脾气、性格有稳定性的一面，但并不是说其脾气、性格是固定不变的，所以，坏脾气是可以改变的。试着将坏脾气化作挑战力，努力改变自己的坏脾气。

有一个男孩，很任性，经常对别人发脾气。一天，他的父亲给了他一袋钉子，并告知他："你每次发脾气时，就钉一颗钉子在后院的围墙上。"第一天，这个男孩发了37次脾气，所以他钉下了37颗钉子，慢慢地，男孩发现节制自己的脾气要比钉一下钉子要容易些，所以，他每天发的脾气的次数就一点点地减少了。

终于有一天，这个男孩能够把持自己的情绪，不再乱发脾气了。父亲告知他：“从现在起，每次你忍住不发脾气的时候，就拔出一颗钉子。”过了很多天，男孩终于将所有的钉子都拔了出来。父亲拉着他的手，来到后院的围墙前，说：“孩子，你做得很好，但是现在看看这布满小洞的围墙吧，它再也不可能回复到以前的样子了，你赌气时说的损害别人的话，也会像钉子一样在别人心里留下伤口，不管你事后说了多少‘对不起’，那些伤痕都会永远存在。”

在生活中，每天都可能发生一些不如意的事情，但是，这并不能成为我们发脾气的借口。当自己想要发脾气的时候，应该做的第一件事是尽量让自己平静下来，以理智的眼光去看问题，思考到底出现了什么事情，而不是乱发脾气，任由坏脾气爆发。因为每一次发脾气说出的话语、做出的行为，都像那一个个被钉子钉出的小洞，再也不可能回复到以前的样子了，那些伤害会像钉子一样在别人心里留下伤口，不管事后说了多少“对不起”，那些伤痕都将永远存在。

在现实生活中，许多人在生气或愤怒的时候，经常是脸红脖子粗，恨不得把自己心里所有的消极情绪都发泄出来；意志消沉的时候，就一蹶不振，自暴自弃，刻意贬低自己。这几乎是坏脾气的人的一些日常表现，事实上，坏脾气带给我们生活的影响远不止这些。

顺其自然，一切泰然处之

吕坤在《呻吟语》中这样写道：“在遭遇困难的时候，内心却居于安乐；在地位贫贱的时候，内心却居于高贵；在受冤屈而不得伸的时候，内心却居于广大宽敞，就会无往而不泰然处之。把康庄大道视为山谷深渊，把强壮健康视为疾病缠身，把平安无事视为不测之祸，那么你在哪里都不会不安稳。”如果说较真是一种偏执的心态，那淡定从容则应该成为我们追求的人生境界。一个人应力求做到淡定从容，不以物喜，不以己悲，不管遇到什么事情，他都能泰然处之：得意时，淡然坦荡；失意时，泰之若素。

胡雪岩是一个遇事不惊的人，在任何时候，他都表现得淡定从容，不以物喜，不以己悲。

当上海阜康的挤兑风潮波及杭州的时候，本来在杭州负责主事的螺蛳太太是一个很有主见的人，但是，遇到这样大的挤兑风潮，她也没了主意，不知所措。就在这时，胡雪岩回到了杭州，他来到钱庄正好遇到店里开饭，胡雪岩神态祥和，看起来一点也不担心，竟然还闲情逸致地去看伙计们的饭桌，看到伙计们的饭桌上只有几个平常的菜，胡雪岩就嘱咐钱庄档手谢云清：“天气冷了，该用火锅了。”另外，他还要求谢云清将用火锅的规矩改改，要按照外国人的办法，以气温的变化为标准，冬天什么时候吃火锅，夏天什么时候吃西瓜。

虽然胡雪岩这样关心伙计的行为在平日里也常有，但是，眼看钱庄就要面临破产的困境，他依然有如此的闲情来关心琐事，足以见得其淡定从容的心态。其实，胡雪岩明白，在这个时候陷入慌乱之中，不仅于事无补，还会更加坏事。对此，他告诉自己：不要悲伤，不要怨恨任何人，甚至连自己都不能怨，只想自己该做什么，怎么做，这才是最关键的。

在危机来临的时候，胡雪岩比任何人都要懂得“不以物喜，不以己悲”的道理，时刻保持从容，不忧虑、不悲伤、不较真，该做什么就做什么，跟什么事情都没发生一样。另外，胡雪岩的从容在一定程度上可以缓解危机的影响。例如，在这个时候，店里的伙计早已经心急如焚，可胡雪岩还有说有笑，跟往常一样，这对于稳定店里伙计的情绪有很好的作用。这一点，就是胡雪岩的过人之处，不仅仅自己淡定，保持从容，还能将那份从容感染给伙计，同心协力，共渡难关。

王太太原本过着风光无限的生活，住洋房，开跑车，有英俊潇洒的丈夫和乖巧懂事的女儿，那时候，她无比幸福。可现在什么都变了，一切源于那次车祸，5年前，王太太一家人外出自驾旅游，在细雨纷飞中，由于路面湿滑，酿成了严重的交通事故。在事故中，只有王太太一个人活了下来，当知道丈夫和女儿都已离去的时候，她竭尽全力朝着墙壁撞去，心里不断地问老天：“为什么不带我一起走？为什么？这究竟是为什么？”所幸这次自杀未成功，她也有所顿悟。她对身边的护士说：“上天不让我离去，肯定有理由，就让我代替他们活下去吧。”

康复后的王太太租了一间小屋，原来的积蓄在手术治疗中已经花光了。虽然感到心中很累，但王太太还是坚强地活了下去。找工作、交房租、买菜、做饭，生活中的每一件事都做得一丝不苟，那么从容。昔日的好友走进了她的家门，惊讶：“以前你过惯了锦衣玉食的生活，可如今，你是怎么活下来的？你忍受得了吗？”王太太笑了笑，眼睛望着窗外，说道：“人生的大悲大喜，我都经历过了，对于我来说，还有什么可怕的呢？还有什么不能忍受的呢？以后的我就这样从容地活下去，不悲不喜，品尝最平淡的生活。”

从昔日锦衣玉食的生活，突然沦落到拮据不堪的生活，这样的心理落差是很大的，一个普通的人是难以忍受的。但有着淡定从容心态的王太太忍受下来了，而且通过这些事情领悟出许多人生的道理：人生虽然有大起大落，大悲大喜，但只要不与自己较真，凡事以宠辱不惊应对，那自己就会品味到生活最甘甜的滋味。

1.不较真是一种良好的心态

虽然，我们所处的环境与我们的人生有着不可割裂的关系，但是，只要我们保持宠辱不惊、不较真的心态，就能坦然面对生活本身，就有可能在失意时不被击倒，在得意时不至于从巅峰坠落。对于生活中的任何事情，都要以一颗平常心对待，淡定从容，切莫大喜大悲。

2.淡定面对风云变幻的人生

有人说："一个淡定从容的人，他没有不满，没有怀疑，没有嫉妒，没有牢骚，没有抱怨，没有恐惧，不悲不喜。"很多时候，我们的压力与不快乐是因为自己拥有的东西太少，而奢望太多。得意时的轻狂，失意时的沮丧，常常令我们陷入悲与喜的纠葛之中。人生在世，更要学会淡定，从容不迫，在沉迷时清醒，在贪求时淡泊，对任何事情，拿得起，放得下，宠辱不惊，看庭前花开花落。

生活中总会有很多不尽如人意的地方，所谓"世事常难遂人愿"，在这时如果我们与自己较真，心里总迈不过去那个坎，那就会陷入各种各样的困惑中，难以得到轻松畅快的快乐。例如，到达成功的巅峰，便会满心欢喜；一旦失意了，就会在失落中彷徨，情绪很糟糕。这些都是对自己的一种苛刻，换言之，是自己跟自己较真，才会让自己的心灵难以体会到轻松的快乐。

第06章

别被心灵的樊篱困住，别认为自己不可以

很多人在面对看似困难的境遇或事情时，都会在心底听到这样的声音：我一定做不到的。我们的人生若是始终都保持这种逃避的心态，那么终将会为自己留下许多无法弥补的缺憾。正如丹麦哲学家齐克果曾经说：“一旦一个人自我设限，并且一直认定自己就是个什么样的人时，他就是在否定自己，甚至他不会自我挑战，只想任由自己一直如此下去，而这终将导致自我毁灭。”不管处于什么样的困境中，都不要随便否定自己，如果你在心里给自己设限，就是在扼杀自己的潜力和欲望！

心态消极，就无法享受人生的美好

很多人有着平淡的生活和还算稳定的工作，但却总是感觉生活缺乏生气，日子过得无聊至极。他们不曾发觉原来自己也是很幸福的，只是因为长期沉浸在消极状态中，所以忧愁烦闷、失落悲观，沉浸在过去的往事与对未来生活的迷茫中，浮躁得心无法平静。

每个人内心深处都给消极心态留有一片空间，即使很不情愿，但消极心态总是时不时地光临。特别是当人们受到挫折、感到畏惧时，这种心态表现尤甚。消极心态能够摧毁人的信心，使希望泯灭。消极心态就像一剂慢性毒药，使人满满的意志消沉，失去战胜困难的勇气，遇到困难总是往最坏的方面考虑，幸福也就与其背道而驰。消极心态是开发潜能和创造力的大敌，它具体表现为愤世嫉俗、没有目标、缺乏动力、心存侥幸、缺乏恒心、不懂自律、懒散不振、自卑懦弱、清高傲慢等。

一个被消极心态困扰的人，纵然嘴中可能时常在念叨成功、幸福、好运，但这一切都因为他们心中充满着恐惧、畏怯、消极、怠慢等而变得虚无缥缈。

拿破仑讲过一个故事。

许多年前，美国南方各州居民都是用烧木柴的壁炉来取暖。有一个樵夫，他给一家人供应木柴达两年多之久。这位樵夫知道木柴的直径不能大于18厘米，否则就不适合那家人特殊的壁炉尺寸。

但由于工作疏忽，每次送过去的木柴，都有些尺寸过大的。主顾发现这个问题后，就打电话给他，要他调换或者劈开这些过大的木柴。

“我不能这样做，”这个樵夫说道，“这样花费的工价就会比全部柴价还要高。”说完，他就把电话给挂了。

这个主顾没有和樵夫反复争执，而是在饭后亲自来做劈柴的工作。大概在这项工作进行了一半时，他注意到一根非常特别的木头，这根木头有一个很大的节疤，节疤明显地被人凿开又堵住了。这是什么人干的呢？他掂了掂这根木头，觉得它很轻，仿佛是空的。它就用斧头劈开，一个发黑的白铁卷掉了出来。他蹲下去，拾起这个白铁卷，把它打开，吃惊地发现，里面包着一些很旧的50美元和100美元两种面额的钞票。他数了数有2250美元，很明显，这些钞票在这里已有很多年了。这个人唯一的想法是使这些钱回到它的真正主人那里，于是他拿起电话又打给那个樵夫，问他从哪里砍了这些木头。这位樵夫消极地以为主顾想探听木柴的来源，为了维护自己的利益，他没有告诉主顾任何信息。

结果，心态更为积极的主顾就毫不费力就收获了一笔金钱。而那个心胸狭窄、心态消极的樵夫则继续辛苦地劳作，从不曾遇到类似的“不劳而获”的事情。

在这个故事中，具有积极心态的人发现了钱，而有消极心态的人却与钱擦肩而过。好运在每一个人的生活中都是存在的，然而，以消极的心态对待生活的人却会阻止好运造福于他。人通常都希望自己好运，最直接的就是发一笔横财，改善生活质量，但如果没有积极的心态，好远怎么会走到你面前？

哲人说，在人一生的航程中，消极心态者一路上都在晕船，无论目前境况如何，他们对将来总是感到失望、恶心，那么还谈何快乐、好运和幸福？更谈不上充分享受人生旅程中美好的风光。

莉莉在一家夜总会里做事，收入不多，然而，她总是过着非常快乐的生活。

莉莉很爱车，但是，凭她的收入想买车是不可能的事情，与朋友们在一起的时候，她总是说：“要是有一辆车该多好啊！”眼中尽是无限向往之情。

后来有人说：“你去买彩票吧，中了大奖就可以买车了！”

于是莉莉买了两块钱的彩票。可能是上天过于垂青她了，朋友们几乎不敢相信，莉莉就凭着一张两块钱的彩票，中了大奖。

莉莉终于实现了自己的愿望，她买了一辆车，整天开着车兜风，夜总会也去得少了，许多人看见她吹着口哨在林荫道上行驶，车子擦得一尘不染。有一次莉莉把车泊在楼下，半小时后下楼时，发现车被盗了。

刚开始，莉莉有些遗憾，但更多的是气愤，她恨透那个偷车贼了，不断地咒骂他，但心里仍很不舒服。过了一整晚，她的情绪仍然暴躁，但天亮时，她又思考了很久，突然变得很开心了。

清晨时分，几个得到消息朋友想到她爱车如命，花这么多钱买的车眨眼工夫就没了，都担心她受不了，就相约来安慰她。

朋友们说："莉莉，车丢了你千万不要悲伤啊！"

莉莉却大笑起来："嘿，我为什么要悲伤啊？"

朋友们互相疑惑地望着。

"如果你们谁不小心丢了两块钱，会悲伤吗？"莉莉说。

"那当然不会！"有人说。

"是啊，我丢的就是两块钱啊！"莉莉笑道。

是的，不要为两元钱而悲伤。莉莉之所以过得快乐，就因为她没有在抱怨、悔恨等消极心态的影响下生活，而是很快调整心态，看淡了丢车这件事。从莉莉的故事中我们看到，生活中经常会有大的变故出现，如果自己的心态在变化中不自然地趋于消极状态，就必须调整心态，才有可能开启幸福生活的新篇章。

不顺心的事在人的生活中经常遇到，这时，你不妨想想开心的事情，看个笑话、读个故事，在微微一笑间，敞开你的胸怀，让笑化解种种不快和矛盾，把消极心态消灭在萌芽状态。

有的人情绪化较强，脾气太坏，心态也容易受到影响，不断波动。最好的办法是找一位你信得过的人，在你控制不住感情、心态消极的时候，让他给你提个醒：请不要消极思考。

事事不能尽如人意，别总是悲观

人的心态错综复杂。很多人心态呈现两极化的状态：或者悲观至极，认为事事都和自己作对，自己再怎么努力也不可能有好的转变；或者整日乐天派，觉得生活一片欣欣向荣，好运会接二连三地光顾自己。人都希望自己是个乐观的人，每天能开怀大笑，并感染身边的人，给他们带去一份好心情，然而，很多事情却总不尽如人意，能否让自己拥有好心情，更多的是看你怎样看待发生的事情。

发明家爱迪生面对烧毁的实验室，并没有伤心和悲观，而是和同事说：“不要紧的，大火烧掉了房子，把我们的错误也烧掉了。”他在困境中看到的更多的是希望。

记得美国作家富兰克林曾说：“世界上有两种人，他们的健康、财富，以及生活上的各种享受大致相同，结果，一种人是幸福的，另一种人却得不到幸福。”为什么会有如此截然的不同呢？他说：“他们对物、对人和对事的观点不同，那些观点对于他们心灵上的影响因此也不同，苦乐的分别主要也就在此。”那么这两种人平时所关注的是什么呢？他又说：“乐观的人所注意的只是顺利的际遇、说话之中有趣的部分、精制的佳肴、美味的好酒、晴朗的天空等，同时尽情享乐。而悲观的人恰恰与他们相反。”

哲人说，世间美好的东西尽为乐观者所有，造物者派给他们的使命就是要他们尽情地占有和享用美好。而悲观的人，一生都在失去，失去快乐、希望、前程和美好的人生。

乐观和悲观是人生的两种态度，拥有乐观心态的人，看任何事情都能看到事物的长处，看到对自己有利的一面，从而看到希望；悲观的人看问题总是盯着事情不好的一面，越看越烦，越看越消极沮丧。

有一个国王想从两个儿子中选择一个做王位继承人，就给了他们每人一枚金币，让他们骑马到远处的一个小镇上，随便购买一件东西。而在这之前，国王命人偷偷地把他们的衣兜剪了一个洞。中午，兄弟俩回来了，大儿子闷闷不乐，小儿子却兴高采烈。国王先问大儿子发生了什么事，大儿子沮丧地说："金币丢了！"国王又问小儿子为什么兴高采烈，小儿子说他用那枚金币买到了一笔无形的财富，足以让他受益一辈子，这个财富就是一个很好的教训：在把贵重的东西放进衣袋之前，要先检查一下衣兜有没有洞。

乐观者认为，每一件事情都有它积极的意义，即使是坏事，我们也能发现它对人生的教益。因此，每个人都应当主动做个乐观的人，而非让悲观的心态长期主导自己的心理和行为。

乐观与悲观这两种截然不同的心态在每个人的心中都会交替出现，没有谁保证自己时刻都是积极的、乐观的。所以，我们要引导自己以乐观的心态看待发生在自己和周围的事情。

一位挑水的农夫，他有两个用了很久的水桶，分别吊在扁担的两头，其中一个桶子有裂缝，另一个则完好无缺。在每趟长途的挑运之后，完好无缺的桶子总是能将满满一桶水从溪边送到主人家中，但是有裂缝的桶子到达主人家时，却只剩下半桶水。

两年来，挑水夫就这样每天挑一桶半的水到主人家。当然，好桶子对自己能够送满整桶水感到很自豪。破桶子呢？对于自己的缺陷则非常羞愧，对自己的命运感到悲哀，它为只能负起责任的一半，感到非常难过。

饱尝了两年失败的苦楚，破桶子终于忍不住，在小溪旁对挑水夫说："我很惭愧，你还是抛弃我吧。""为什么呢？"挑水夫问道，"你为什么这么想呢？""过去两年，因为水从我这边一路漏，我只能送半桶水到你主人家，我的缺陷使你做了全部的工作，却只收到一半的成果。"破桶子说。挑水夫替破桶子感到难过，他满有爱心地说："我们回到主人家的路上，我要你留意路旁盛开的花朵。"

果真，他们走在山坡上，破桶子眼前一亮，看到缤纷的花朵开满路的一旁，沐浴在温暖的阳光之下，这景象使它开心了很多！但是，走到小路的尽头，它又难受了，因为一半的水又在路上漏掉了！破桶子向挑水夫道歉。挑水夫温和地说："你有没有注意到小路两旁，只有你的那一边有花，好桶子的那一边却没有开花呢？虽然你只能为我装半桶水回到目的地，但却浇灌了一路美丽的花草。每回我从溪边来，你就替我一路浇了花！两年来，这些美丽的花朵装饰了主人的餐桌。如果你不是这个样子，主人的桌上也没有这么好看的花朵了！"

生活中的很多事情都如那个漏水的水桶一样，能够从不同的方面给予不同的评价，你乐观地看待某事，就能发现其中更多积极的意义，这样也能给自己带来更多的快乐。

乐观之于人生，是浮荡在地平线那袅袅升起的热望与希冀，是寻得一份旷达和美好的铺垫与勇气。让我们在乐观中撷取一份坦然，你的面前就会盎然多彩，若在悲观中摘下一片沉郁的叶子，只能瓦解你积蓄的力量。那些不停抱怨的悲观者，看到的总是事情灰暗的一面，即便到春天的花园里，他看到的也只是折断的残枝和墙角的垃圾；而乐观者看到的却是姹紫嫣红的鲜花和飞舞的蝴蝶，自然，他的眼里到处都是春天。

悲观心态的存在是正常的，它并不可怕，只要你学会调整自己的心态，一切困难，都可以克服。

人首先要明白，你越怕，就会越发生什么。因此，一定要明白积极态度所带来的力量，要相信希望和乐观能引导你走向胜利。

即使处境危难，也要寻找积极因素。这样，你就不会放弃取得微小胜利的希望。你越乐观，克服困难的勇气就越会倍增。

人要学会以幽默的态度来接受现实中的失败。有幽默感的人，才有能力轻松地克服恶运，排除随之而来的悲观情绪。

开放自己的心，终能让梦想照进现实

我们常说环境塑造一个人，同样，也塑造了他的心。受限于环境也许是一种客观的悲哀，但对于有思想的人来说，更多的则是心态的羁绊。

曾听一位心理学家讲过这样一个故事：

有一个农夫在一次农产品的展览会场上，展示了一个形状如同水瓶的南瓜，参观的人们见了无不啧啧称奇，追问农夫是用什么方法把这个南瓜培育成功的。农夫回答道：“当南瓜只有拇指一般大的时候，我就把它装入水瓶里，一旦它渐渐长大，把瓶子内的空间都占满时，南瓜便会停止成长，这时，它就能够一直维持着在水瓶里面的那种形状了。”

南瓜的成长和女人心态的成形是同理的，如果女人把自己的心封闭起来，自己设定限制，那么我们就会如同被放进水瓶中的南瓜一样，逐渐失去自由成长的可能，心态也难免偏激。

有些人说：“我就喜欢一个人待着，不喜欢和别人交流，不愿去挑战什么，我的个性就是这个样子。”或者说：“我也不想这样，但我就是做不到的。”这样的人对自己心态存在的问题有着较为清醒的认识，之所以说这样的话往往都是在替自己的不肯改变、不思上进找寻合理化的理由。试想一下，我们的人生若是始终都保持这种逃避的心态，那么终将会为自己留下许多无法弥补的缺憾。

丹麦哲学家齐克果曾经说：“一旦一个人自我设限，并且一直认定自己就是个什么样的人时，他就是在否定自己，甚至他不会自我挑战，只想任由自己一直如此下去，而这终将导致自我毁灭。”

人们经常讨论为什么起初处于同一起跑线上的密友，在几年之后却有着截然不同的境遇。除了智力、机遇、情商等诸多因素外，心态的不同有着巨大的作用。事实上，只要人不进行自我设限，并且给予自己力求改变的自信和勇气，相信每个人都能活得更加精彩！

一天，一位作家邀请一名女保姆为他收拾房子，这位保姆对作家说：“你的家里真是太漂亮了、太棒了，我也想拥有这样的房子，不过呢，我看还是算了吧！”

作家疑惑地问道：“既然你想拥有这样的房子，为什么不认真考虑购买呢？”

保姆无奈地摇摇头说：“我已经快50岁了，还有生病的丈夫和孩子需要我一个人养活，我并不认为自己买得起一栋房子。”紧接着，保姆感慨地说：“唉！这样的房子都有很高的房价，再说我为了养育孩子需要很多的钱，而每个月靠打工赚来的收入，根本无法完全应付支出，哪还有闲钱能够存下来购买房子呢？你说，像我这样的情形，我要怎么认真考虑买房子的事情呢？算了吧！我知道我是没有办法的。”

作家听完后一句话都没说，只是走回自己的书房。不久，他抱着一个糖果盒走出来。作家走到保姆的面前，问她身上是否有10元钱的硬币。保姆心中虽然感到万分狐疑，但她还是从口袋中拿出硬币来交给作家。只见作家将硬币丢入糖果盒中以后，再将糖果盒慎重无比地放到保姆的手上，鼓励她说：“我相信你一定能够办到的，这10元钱就是你为了买房子做的第一步！”

几年以后，作家收到了一封庆祝新居落成的宴客邀请函，署名者正是当初那位自认无法买得起房子的保姆！

保姆的故事告诉我们，只要你不在心中给自己设限，努力朝着目标迈进，就会有更加积极的进展，相反，如果你一直认为自己办不到，或是在这个过程中你不断怀疑自己的能力、缺乏自信心，你就永远无法实现它。

人的心态就是这般神奇，如果你给予它更多的阳光，让自己的心门开得更大些，那么你的人生之路就会更加异彩纷呈。最终会如那句话所说——梦想终将照进现实。

放下得失成败带来的压力，才能走好前方的路

生命是个奇怪的东西，自打我们来到人世，似乎就在为所谓的幸福努力着，于是很多人毕生都在奋斗，努力地证明自己生命的不凡。有的人选择了用事业上的成功来证实，有的人用不断争取来的权势来证实，有的人凭借巨额财产来证实，有

的人用满腹的才华来证实……有的人成功了，也有一些人失败了，面对得失荣辱，他们倾注了太多的精力，给自己施加了太多的压力，于是，他们一生都在忙忙碌碌，到头来却不知道自己在忙什么。这样的人生是注定悲哀的，所谓的名利、金钱，到头来不过还是一场空。只有放下得失成败给自己带来的压力，我们才能更好地走好前方的路。

从前有一位神射手，名叫后羿。他练就了百步穿杨的好本领，立射、跪射、骑射样样精通，而且箭箭都射中靶心，几乎从来没有失过手。人们争相传颂他高超的射技，对他非常敬佩。

夏王也从左右的嘴里听说了这位神射手的本领，也目睹过后羿的表演，十分欣赏他的功夫。有一天，夏王想把后羿召入宫中来，单独给他一个人演习一番，好尽情领略他那炉火纯青的射技。

于是，夏王命人把后羿找来，带他到御花园里找了个开阔地带，叫人拿来了一块一尺见方、靶心直径大约一寸的兽皮箭靶，用手指着说："今天请先生来，是想请你展示一下您精湛的本领，这个箭靶就是你的目标。为了使这次表演不至于因为没有竞争而沉闷乏味，我来给你定个赏罚规则：如果射中了的话，我就赏赐给你黄金万两；如果射不中，那就要削减你一千户的封地。现在请先生开始吧。"

后羿听了夏王的话，一言不发，面色变得凝重起来。他慢慢走到离箭靶一百步的地方，脚步显得相当沉重。然后，后羿取出一支箭搭上弓弦，摆好姿势拉开弓开始瞄准。

想到自己这一箭出去可能发生的结果，一向镇定的后羿呼吸变得急促起来，拉弓的手也微微发抖，瞄了几次都没有把箭射出去。后羿终于下定决心松开了弦，箭应声而出，“啪”地一下钉在离靶心足有几寸远的地方。后羿脸色一下子白了，他再次弯弓搭箭，精神却更加不集中了，射出的箭也偏得更加离谱。

后羿收拾弓箭，勉强陪笑向夏王告辞，悻悻地离开了王宫。夏王在失望的同时掩饰不住心头的疑惑，就问手下道：“这个神箭手后羿平时射起箭来百发百中，为什么今天跟他定下了赏罚规则，他就大失水准了呢？”

手下解释说：“后羿平日射箭，不过是一般练习，在一颗平常心之下，水平自然可以正常发挥。可是今天他射出的成绩直接关系到他的切身利益，叫他怎能静下心来充分施展技术呢？看来一个人只有真正把赏罚置之度外，才能成为当之无愧的神箭手啊！”

患得患失、过分计较自己的利益将会成为我们获得成功的大碍。我们应当从后羿身上吸取教训，面对任何情况都应尽量保持平常心。

自古以来，人们眼中所谓的英雄，往往就是竞争胜利者，“成者为王败者为寇”。的确，争赢求胜是人类的天性，但到底什么是输？什么是赢呢？输赢之间，真的有那么绝对吗？当然不是！成败是相对而言的，输赢只是一时，人生如梦，所有的输赢都会以生命的结束而宣布结束！其实，有时，我们一心争赢，赢了反而输了，不信，试着放下输赢，你反而赢了。因为争强好胜让你赢得了斗争，却让你失去了朋友；而放下好胜心，即使你输了争斗，你却赢得了友谊。宽容大度的人总是能用人格魅力征服他人。

当然，人生在世，人们在意的不仅仅是输赢，还有得失，人们都渴望得到，而害怕失去，而正是因为人们的这种心态而导致了他们患得患失。有人说，生命本身就不是一场完美的戏剧，它始终有缺憾，它给你带来些什么，也会带走些什么，但无论怎样，你都应该潇洒一点，那场无可挽留的爱，你就当是生命中划过的一道美丽的彩虹，你要学会在自己的情绪里寻求解脱，只要你愿意，你可以勇敢地对已经逝去的彩虹说声“再见”，也可以笑把一切恩怨化作岁月的云烟，于前行里轻松地追逐梦想和信念，只要能坦然面对人生的得失，还有什么让我们畏惧的呢？

有个老人，他有个爱好，就是喜欢摆弄盆景，他每天的的大部分时间都会花在这上面。

有一天，老人去外地看亲戚，出门前，他告诉儿子一定要细心照看好那些他视若珍宝的盆景。

父亲的话，儿子不敢怠慢，于是，在老人外出这期间，儿子很精心地照料着这些盆景。尽管如此，花架上还是有一个盆景在儿子浇水时不小心被碰倒了，打碎了。儿子因此非常害怕，准备着等父亲回来后接受处罚。

老人回来后知道了此事，不但没有责备儿子，还说："我栽种盆景是用来欣赏和美化家里环境的，不是为了生气的。"

老人说得好，他种植盆景，并不是为了生气的。因此，他的心情也不会因盆景的得失而受到影响。如果无欲无求，了无牵挂，则气无处生。

然而，"宠辱不惊，看庭前花开花落；去留无意，望天空云卷云舒"，这份闲散与安逸，对于现代社会的人们来说，或许真的是一种奢望。要放下人生路途得失成败的压力，还需要我们保持一颗平常心。对"花花绿绿""流光溢彩"不生非分之心，不做越轨之事，不做虚幻之梦。面对外界种种变化与诱惑，心不痒，嘴不馋，手不伸，脚不动，荣辱不惊，去留淡然，白天知足常乐，夜晚睡眠安宁，走路步步稳健。总之，拥有一颗平常的心，能让我们拿捏好尺寸，把握住幸福。

总之，人生之路，不会总是阳光灿烂，不会总是枝繁叶茂，不会总是掌声不断，也会有阻挡在面前的高山和荒漠，也会有阴天时的迷雾重重，也会有他人的冷落，任谁也无法轻松地跨越。只要拥有平淡的真实，才会真正懂得品味人生，抒发人生，才会拥有自我，心存淡泊。拥有平淡，那才是人生的至高境界，你就拥有了坦坦荡荡、自自然然的快乐。生活中的点滴愉悦，都是生活中的原汁原味。

学会放手，才会轻松

在很多人眼里，北大学生是令人羡慕的，因为他们可以在中国最高学府学习，然而，北大人的压力也是我们无法想象的。而其实，如果他们也能够放慢一下脚步，对一些事学会放手，那么，他们一定能得到身心的放松。

同样，在我们生活的周围，也有这样一类人，他们勤恳、努力、认真，对亲人无微不至地照顾，工作中事必躬亲，他们总是希望周围的一切都在他们的掌控之中，然而，正因为如此，他们比其他人活得更累，他们承受着无法摆脱的压力，而实际上，这些压力是他们自己给自己的，而如果他们能学着放手，自然会轻松很多。

周末，严华终于抽出时间，离开了令人窒息的办公室，她把自己的姐妹玲玲约出来，两人约在了一家咖啡厅见面。

“最近怎么样？”玲玲问道。

“什么都好，就是这个工作，快让我崩溃了啊，以前做小职员的时候倒还好，现在一当主管，原以为做了领导可以轻松点，但没想到事情更多，什么事都要我亲自处理。”

“我看你呀，就是操心的命，很多事，你不去做，交给下属，其实更好。”

“怎么说？”严华不理解玲玲的意思。

“你想啊，如果你是下属，你的领导什么都不让你干，还什么都要插手，你怎么想，是不是觉得领导不相信你的能力？”玲玲说完后，严华点点头。玲玲继续说道：“那就是啊，你自己累个半死，还吃力不讨好，你看那些大公司的领导为什么那么闲，没事就去打高尔夫什么的，就是因为他们懂得放权，把工作交给下属做，这样，不仅锻炼了下属的能力，更重要的是，这是一种信任下属的表现。”

玲玲的一番话点醒了严华，她决定是该调整一下自己的管理方式了。

这里，玲玲的一番话是有道理的：交给下属一些权利，不仅能分担自己的工作，还能让下属的能力得到展现，让下属产生自豪感。而最重要的是，这是我们释放压力、培养情商的重要方法。

的确，很多企业领导者每天不得不面对繁忙的工作，还有来自公司、同事及下属的压力。他们穷于应付，抽不出时间做真正该做的事：解决根源性问题、统筹布局、培养下属。压力还使他们心力交瘁，持续处在焦虑状态之中，在工作中难以发挥最大成效。诚如一位管理者所言，“做一个主管，要注意目标，就像游泳一样，要一边游，一边看前方，不要一头撞到池壁才知道到了。不要花太多时间在小问题上，要多花时间在目标上。”

的确，那些在工作中做到游刃有余的人，通常都是懂得放权的，他们相信下属能做好，于是，他们能为自己腾出更多的时间愉悦身心，放松自我。因此，如果你是个领导者，那么，你应当抛弃将员工当作工具、封建家长式的作风，取而代之的应是尊重员工的个人价值，合理地设计和实行新的员工管理体制，最重要的是要做到给予下属权利，把员工看成企业的重要资本、竞争优势的根本，并将这种观念落实在企业的制度、领导方式等具体管理工作中。

另外，给予下属权利也是领导者分担工作的重要方法，在领导工作中，面对看似无法完成的工作任务，领导者最有效的办法就是要知人善任。这样领导可以腾出一些时间和精力抓大事，部属也可以小试牛刀。

同样，生活也是如此，我们不可能掌控生活中的方方面面，即使是我们的亲人，他们也希望有自己的生活空间，放开手，你的身心也会得到放松。

老王是某单位的员工，他有一位品貌俱佳的妻子，她在单位里是中层干部、先进工作者，在家里她是贤妻良母，她把丈夫照顾得无微不至。她从不让丈夫洗衣做饭，丈夫加班，她去送饭。丈夫穿的用的，全是她买，丈夫的皮鞋、领带都是她擦、她系，丈夫“爬格子”，她总是左右侍候，端茶倒水。每每论起“内助”如何，朋友们总是羡慕老王的“福分”，羡慕他们亲密无间，朝夕相伴。

但老王总觉得自己的妻子与别人家的相比有天壤之别。现在，老王居然与他的贤妻离婚了，据说单位和亲朋好友调解多次，妻子也不解地问他“哪点对不住你”，但他铁了心，坚持离她而去。很多同事曾直截了当地问他是否另有新欢，是不是喜新厌旧，他只是说：“过腻了，这样活着，吊不起胃口。”

生活中，可能很多妻子都和故事中老王的妻子一样勤勤恳恳地为家庭操劳，对丈夫无微不至地照顾，他们对老王夫妻俩的婚姻结局也会产生质疑：到底哪里出了问题？从老王的话中，我们大致能了解到男人们内心的想法，他们需要的是一位妻子，而不是一位母亲。朝夕相伴，无私奉献，爱情之火也不一定就能持久地燃烧。

总之，无论是生活还是工作中，懂得放手，不仅是对对方的一种尊重和信任，更是现代社会人们释放压力、调节身心的重要方法，否则，你抓得越牢，你就越累！

第07章 你没有想象的那么脆弱，适当的压力并不是坏事

现代社会的生活节奏越来越快，各种压力越来越大，我们发现，不少优秀者，他们能力很强，工作态度也严谨认真，但却被焦虑打垮了，这并非是因为他们不够优秀，而是因为把自己想得太脆弱了，认为自己扛不住压力，从这个意义上来说，他们并没有输给对手，而是输给了自己。事实上，适度的压力是好事，压力能催我们奋进，促使我们成为更好、更优秀的人，如果能从这个角度考虑，那么你就能从压力中跳脱出来了。

消极情绪袭来，就会感到压力重重

众所周知，情绪比生理更容易形成疲倦感。约瑟夫·巴马克博士曾做过这样一个实验：巴马克博士安排一大群学生从事他们厌恶的工作。结果，每个学生都感觉累、头疼、眼睛疼，而且总是打瞌睡、想发脾气，甚至有几个人的胃也产生不适的反应。当然，这些学生身上的不舒服感并非他们想象出来的。巴马克博士通过给他们化验得出了这样的结论——当一个人烦恼的时候，他身体的血压和氧化作用会有所下降。换言之，人们面对自己不喜欢的工作时，会感到厌烦。而一旦他们从事自己感兴趣的工作，他们新陈代谢作用就会加速。所以，消极情绪本身会带来压力，当坏情绪袭来，人们便会感觉到压力重重，几乎喘不过气来。

吉姆是一位年轻的汽车销售经理，他的前途充满了无限希望。但是，吉姆的情绪却非常绝望，意志消沉，他觉得自己要死了。甚至他开始为自己挑选墓地，为自己的葬礼做好了一切准备工作。其实，吉姆的身体只是出了一点小问题，有时候会呼吸急促，心跳很快，喉咙梗塞，医生规劝：“你只需要坦然处理生活，退出自己热爱的汽车销售行业就行了。”

吉姆在家里休息了一阵子，但是，他还是充满焦虑和恐惧，于是，他的呼吸变得更加急促，心也跳得更快，喉咙依然梗塞。这时，医生劝他到外面去透透气，吉姆照做了，但依然无法阻止内心的焦虑和恐惧。一周过去了，吉姆回到家里，他感觉死神快降临了。朋友告诉吉姆：“赶快打消你的猜疑！如果你到明尼苏达州罗切斯特市的梅欧兄弟诊所，你就可以彻底地弄清病情，而不会失去什么，赶快，立即行动。”吉姆听从了朋友的建议，他来到了罗切斯特市，一路上吉姆都担心自己会突然死亡。

在梅欧诊所，医生给吉姆做了全面检查，医生告诉吉姆：“你的症结是吸进了过多的氧气。”吉姆先是一愣，然后大笑了起来：“那真是太愚蠢了，我怎样对付这种情况呢？”医生说：“当你感觉呼吸困难、心跳加速的时候，你可以向一个袋子呼气，或者暂时屏住气息。”医生递给吉姆一个纸袋，吉姆照办了，结果，他发现自己的心跳和呼吸都变得很正常，喉咙也不再梗塞了。当他离开诊所的时候，他已经变得容光焕发，原来这一切的症结都是因为内心的焦虑和恐惧。

焦虑和恐惧就是一种压力，长期的焦虑和恐惧会让我们相信，某个想象中的事情会变成现实，然而，就是在这样的消极心理中，那些预感中会发生的事情还是发生了，到最后，我们的焦虑和恐惧越来越严重，以至于身体真的出现了疾病。在这里，告诫大家：心理不健康，诸如焦虑或恐惧会形成压力，进而导致我们的身体不健康。

事实上，在生活中，我们的压力经常不是因为工作引起的，而是由忧虑、挫折和怨恨引起。假如你所做的是费心的工作，那促使你感到疲惫的是你讨厌这份工作，而非繁重的工作量。有时候我们都会有这样的经历：工作一天好像什么都不对劲，工作总是做不好；那些该回复的邮件没有及时回复；本来和女朋友约好的，结果自己却因为工作未能赴约……总之，感觉生活到处都是麻烦。结果，下班的时候，你感觉今天没有一丝收获，而且感到筋疲力尽，头痛欲裂。不过，另外一天，你情绪比较好，工作效率几乎是之前的几十倍。即便工作一天回到家，你却感觉不到累，反而觉得精神百倍。

1.执着坏情绪会上瘾

当一个人总是沉浸在坏情绪中，时间长了是会上瘾的，这就好像吸毒一样。例如，失恋的女孩子总会想办法去打探前男友的消息，总也控制不住自己，一旦有渠道可以听到前男朋友的消息，她就兴奋，听到消息之后，或悲伤或高兴，但更多的是把她带到过去痛苦的感情世界里，结果，她越是强迫自己忘记，越是深陷其中。

2.人总是可怜地想破罐子破摔

一旦一个人被负面情绪所困扰，在他体内全是负能量的冲撞，那他已经开始放弃自己了。不管怎么样，我们永远需要认清一个事实，那就是在这个世界上，没有谁可以打败自己，除了你自己。假如你总是画地为牢，将自己牢牢设限在某个位置，破罐子破摔，那你永远走不出来。

与坏情绪相比较，积极情绪给人向上的信心和希望，鼓舞人不断地追求幸福生活。现代社会是一辆疾驰的列车，它更需要能量的驱动，坏情绪就好像是劣质的汽油，会对列车造成致命的伤害，甚至引发故障而抛锚，因此，我们只有拥有更多的好情绪，列车才能安全地驶向远方。

适度的压力，能激发你对生活的追求

曾在一本书上看到这样一段话："人一生中都会面临两种选择，一是改变环境去适应自己，二是改变自己去适应环境。既然压力是已经存在的，根本无法彻底消除的，那我们何不积极地改变自己，正确引导各种压力成为自己前进的动力呢。"在现代社会，几乎每一个人都有压力，其实，适当的压力对我们自身是十分有用的。一个人的潜力究竟有多大呢，我想大多数人都不清楚，对此，科学家指出：人的能力有90%以上处于休眠状态，没有开发出来。是的，如果一个人没有动力，没有磨炼，没有正确的选择，那么，积聚在他们身上的潜能就不能被激发出来，而压力会给他们这样的动力。所以，适当的压力不仅能激发出一个人无限的潜能，而且，还能够带来许多快乐。

在日常生活中，来自各方面的压力使我们感到很累，好像生活被一个巨大、无形的网笼罩着，这令我们做任何一件事情都感到力不从心。于是，在强大的心理压力下，我们常常会渴望那种无忧无虑、不知忧愁是什么的生活。事实上，没有压力的生活是不可能快乐的，它只会令人感到烦闷、无聊，这样的生活状态久了，人们会感觉自己在堕落，从而丧失了对生命的追求。

她是一位典型的家庭主妇，老公做汽车运输生意，生意十分红火，她的事业就是“相夫教子”。每天，除了煮饭就是洗衣服，除了逛街就是打扫清洁，甚至于连两个孩子的学习都不用操心，因为请了家庭教师。生活得如此惬意，她也常常受到许多人的羡慕：“你真有福气啊！老公有本事，孩子聪明伶俐，你年纪轻轻就过上了富太太的生活，哎，真羡慕你，哪像我，还要焦虑这样，担心那样，像你没有压力真好。”刚开始，她也会推辞几句：“哪里，哪里。”时间长了，她也会疑惑：难道自己真的如他们想象的那般快乐吗？以前孩子还小的时候，还可以陪在他们身边，现在老公长时间在外面谈生意，孩子也上学了，家里就剩下了自己一个人，尽管没有金钱的压力，没有生存的压力，但是，总是感觉到自己很无聊，心里烦闷，几乎已经远离了久违的快乐，这是为什么呢?

在现代社会，大多数都会羡慕没有经济压力的家庭主妇、坐在办公室看报纸的公务员，似乎总觉得他们的生活总是那么悠闲、自在，远离了压力的困扰。事实上，他们的生活真有那么快乐吗？对此，心理学家对那些整日闲在家里的太太有一个建议：尽可能找一份自己喜欢的工作，不管收入有多少，至少能够体现自己的价值，承受适当的压力。

一位留学英国的朋友回国，向同学讲述了自己在国外的生活："刚开始，我在国外的时候，由于自己英文很烂，害怕出糗，整天就把自己关在屋里，看书、上网、看电影，这样的生活状态整整维持了一个月，就让我崩溃了，我想：自己是否应该干点什么？"后来，她去了国家应用科学院求学，刚开始的时候，老师讲课自己一半都听不懂，而且，老师讲课也没有教材，只能靠自己做笔记，压力非常大。当时，她想，自己只要及格就行了，没有必要追求名列前茅。于是，每天，她都会拿同学的笔记来抄，然后，就跟自己的男朋友一起出去约会。

临近考试的时候，她才开始"抱佛脚"，背诵笔记，每天只睡3小时，第一次考试，她及格了。虽然，自己的分数并不是很高，但是，令自己高兴的是老师给全班同学发了一封邮件，在信里，老师这样说："这次考试，我以为出的题目比较难，但是，令我没有想到的是，班里的3个留学生考得还不错，希望你们继续努力。”老师的鼓励令她受到了鼓舞，她开始认真听课，成绩也越来越靠前了，到了第二年，她的成绩就排在了全班第一，这样的成绩不仅令同学感到惊叹，连她自己都觉得不可思议。最后，她这样说道：“在国外求学的经历堪称跌宕起伏，但是，我并不觉得有什么不好，这些所谓的挫折与困难，让我学会了承受，让我赢得了最后的胜利。我们的生活需要适当的压力，压力教会了我们什么是坚持，最重要的是，让我远离了那种无聊、烦闷的生活，而重新拾起了久违的快乐。”

有时候，适当的压力并不算什么，当你坚持下去，你就会发现已经没有多少压力了，所有的压力都会在行动中找到发泄的途径。只要我们能够坚定地走下去，全力以赴，我们将赢得自信，我们知道自己能够做得更好，这样长久地消除各种压力，获得动力，就会走向成功。当然，压力适度即可，如果压力过大或根本没有压力，那么我们将不会快乐起来，也不能赢得最后的胜利。

1.什么是适度的压力

也许，有人会问，什么是适度的压力？适度的压力，就是指时间不长、刺激不大、能让人最终有成就感的压力。所以，我们应随时让自己拥有适度的压力，舒缓过大的压力，从而远离无聊、烦躁的心境，追逐生活的快乐。

2.有时候无聊比压力更令人苦恼

一位公务员这样说：“每天9点我才去上班，10点左右就可以离开了，下午有时候根本不上班，可是，一天剩下了这么多时间，我也不知道怎么打发，心绪变得混乱不堪，时常感到无聊、烦躁，有时候，我甚至感觉到自己在浪费生命。”其实，他的烦闷来源于“无所事事”，这与大多数家庭主妇的生活差不多，虽然远离了社会的压力，但是，无聊似乎比压力更令人苦恼。

生活在现代化的社会，我们无论如何都避不开压力：学生时代，我们所承受的是各种考试的压力；工作时期，有着上司的要求、家人的期许、自己内心的苛求等，这些压力都是无法避免的。既然无法避免那些潜在的压力，何不把压力当作生活的调剂品呢？

读书减压法，在阅读中减少大脑的负担

俗话说：“开卷有益。”阅读不但可以使人增长知识，提升个人修养，对我们的身心健康都是非常有益的。事实上，阅读更是一种减压的方式，会给我们的身心带来意想不到的惊喜。在日常生活中，人们会因为生活和工作遭受多重压力，而阅读可以有效地释放内心的压力，让一个人回归平静。然而现实生活中的我们估计已经很久没有读书了，每天对着电脑或手机刷微博、看网页已经成为习惯，正因为这样，内心才会越来

越焦虑。

英国读书俱乐部委托萨赛克斯大学的“心智实验室”研究发现，在各种减压方式中，阅读效果是最佳的，通常在6分钟内就能使压力水平降低68%，比听音乐和散步效果都好。因为当一个人在阅读时思绪会集中在文字上，紧张的身心可以因此得到放松。如同身体上的肌肉一样，我们的大脑也需要通过锻炼而变得更强壮和健康。阅读可以让一个人的大脑保持活跃和忙碌，从而预防衰老。

美国总统杜鲁门曾经在回忆罗斯福时如是说：“在经济动荡和战争时期，我只看到罗斯福总统开怀过两次。一次是听到诺曼底胜利的消息，另一次是读到斯托特的小说。”

斯托特，就是被誉为“美国古典侦探小说三大家”之一的雷克斯·斯托特，因为在《被书谋杀》《被埋葬的恺撒》等侦探小说中塑造了一个喜爱种植兰花、身体超重、性格古怪的私家侦探尼禄·沃尔夫而出名。除了斯托特，英国女作家多萝西·L.塞耶斯的侦探小说也是罗斯福总统的最爱。

在经济大萧条时期，罗斯福就是依靠塞耶斯的《五条红鲱鱼》《证言疑云》《剧毒》等小说排遣心中的压力。如今，在当当网、文轩网等购书网站，塞耶斯和斯托特的作品都被打上了“罗斯福总统减压书”的标签。

其实，不止罗斯福，他的后继者杜鲁门也偏爱阅读侦探小说减压。身处美国侦探小说写作的黄金时期，杜鲁门也为斯托特笔下的“尼禄·沃尔夫”倾倒，在处理风云变化的政治风波之余，看一看斯托特的《门铃响起》是杜鲁门最大的乐趣。

驰骋NBA赛场多年的勒布朗·詹姆斯曾在接受媒体采访时透露，自己会在季后赛中选择屏蔽外界干扰，尽可能地减少大脑的负担，但是他会阅读书籍，通过读书来减压。根据美国一项研究发现，喜欢阅读的人，生活作息更合理，饮食习惯更健康。因为通过阅读，他们一方面从书中学到了很多有用的知识；另一方面，阅读能让他们更加热爱生活。

2015年夏天，一本成人填色书《秘密花园：一本探索奇境的手绘涂色书》掀起了一股购物狂潮、填色风潮。这本由英国著名插画家汉娜·贝斯福创作的书只有264个字，共96页。这96页是作者手绘而成的黑白线稿，其间藏有各种令人着迷的风景。人们购买后，可以根据自己的喜好对其进行填色，创作出独一无二的画作。

这本书可以让普通人也体验做艺术家的感觉，哪怕没有任何绘画功底，同一幅底稿，不同的色彩搭配也可以创造出完全不同的作品。这和纯文字的书有所区别，看着就有一种轻松的感觉。

人们在填色的过程中，不用太费脑力，只需要将注意力集中在小事情上，就可以从悲伤、紧张等负面情绪中摆脱出来。而且，在涂色过程中，还会产生童年的怀旧感觉，这是一种心理暗示，毕竟在快乐的童年里很少会有压力。

网络时代，我们需要在较短的时间里完成很多事情，诸如查看邮件、同时与很多人聊天、接打电话……这种工作与生活方式会分散人的注意力。当我们在阅读的时候，人所有的注意力都会集中在书籍里，这可以帮助我们暂时忘却烦恼。

1.经常阅读，不会感到孤独

阅读可以满足一个人的归属感，让他很快地融入社会圈子，很少会感到孤独。当人们阅读到书中描述的风景、声音等，会激活大脑的一些领域，联想到生活中的一些经验，这种感觉是我们在看电视或玩游戏时感受不到的。哪怕每天阅读6分钟，也可以减少大部分的压力。

2.不同书籍可以治疗不同疾病

不同类型的书籍，会对人体产生不同的影响。例如，当我们阅读优美的诗篇时，可以帮助我们胃溃疡愈合；在阅读笑话、喜剧一类的书时，有利于减轻神经衰弱；而阅读名著的时候，可以排解内心的苦闷；读有趣的小说，可以缓解压抑的内心。

3.大声阅读可改善肠胃

一个人大声阅读，可以提高氧气的输送能力，以及血液和多种氨基酸到达大脑的能力，前额大脑皮层得到活跃，神经元和神经之间也加强了联系，从而使大脑得到放松，血压降低，心情也会随之变好。大声阅读，运用腹式呼吸，促使肺吐纳更多的空气，特别是阅读长句子时，肺部会彻底排空，利于吸入更多的新鲜空气。

你是不是已经很久没有读纸质书了？是不是对着电脑或手机刷微博、看网页已经成了你每日的习惯？如果是，那请你现在开始读书吧。读书不仅能让你增长知识，而且还能够帮助你有效缓解压力。

把工作当趣事，享受你的工作

戴尔·卡耐基说：“仅仅‘喜爱’自己的公司和行业是远远不够的，必须每天的每一分钟都沉迷于此。”在生活中，我们经常听到有人抱怨：“工作一点也不快乐，很累，目标难以实现，做事处处碰壁，成功总是那么遥遥无期。”似乎，工作对于他们来说，一点乐趣都没有。其实，只有那些对工作缺乏激情的人才会觉得工作很累，他们没有办法享受到工作的乐趣。作为职业人，要想在职场中拼出属于自己的一片天空来，就需要点燃自己对工作的激情，学会享受工作。

在美国标准石油公司，有一位小职员叫阿基勃特，他在出差住旅馆的时候，总是在自己的签名下面写上“每桶四美元的标准石油”字样，甚至，在书信收据上也写下这样的字样。因此，他被同事们叫作“每桶四美元”，而他的真名倒没人叫了。

公司当时的董事长洛克菲勒知道这件事的时候，他说：“竟然有职员如此努力宣扬公司的声誉，我倒要见见他。”于是，洛克菲勒邀请阿基勃特共进晚餐。后来，洛克菲勒卸任，阿基勃特成为第二任董事长。

到底是怎样一股力量促使阿基勃特长年累月地这样宣扬公司的声誉呢？当然是对工作的激情，对本职工作的热爱。他在自己的签名下写上“每桶四美元的标准石油”，以及在书信收据上写下同样的字样，在这个过程中，他是享受的，这源于对工作的激情，他从来不会认为那是自己的负担。

江总是一位讲究严谨的人，在工作中，她会用十二分的热忱去对待每一件事，要求很严谨，一丝不苟，兢兢业业。身为一个女企业家，她身上最值得我们学习的就是她对工作的那种激情和严谨态度，任何时候，只要一提到工作的事情，她都显得兴致勃勃。

当记者问道：“作为女性，在房地产领域打拼，比男性面临更多的挑战，那么，您在工作中如何调节自己？”江总笑了笑，回答说：“作为女性，我要学会如何在工作中去实现自己的人生价值，这样我才能在工作中得到快乐。工作是生活的一部分，生活其实就是在工作，只有把工作当成了自己的毕生事业，才能在工作中享受到快乐，生活才能更加充实。快乐生活，与企业一起变老。”

只有那些对工作有激情的人，才能享受到工作的乐趣。在生活中有这样一些人，他们明明有一份很好的工作，报酬也不算低，但却总是不满意，他们缺乏对工作的激情，看不到工作的意义，找不到自己的位置和价值，自然，他们也享受不到工作的快乐，有的只是抱怨和烦恼。他们只是把工作当成谋生的手段，甚至，当作负担，这样的人，他们的位置迟早有一天会被人所取代。所以，如果你还拥有一份不错的工作，请保持对工作的激情，学会享受工作，使自己的人生价值在工作中得到彰显与展现。

1.在工作中展现自我价值

约翰·洛克菲勒说：“工作是一个施展自己才能的舞台，我们寒窗苦读来的知识，我们的应变力，我们的决断力，我们的适应力以及我们的协调能力都将在这样一个舞台上得到展示。除了工作，没有哪项活动能提供如此高度的充实自我、表达自我的机会，以及如此强的个人使命感和一种活着的理由，工作的质量往往决定生活的质量。”也因为如此，真正的享受与快乐都尽在工作之中。

2.工作不仅仅是谋生的手段

对于许多人来说，工作只是谋生的手段，他们一方面抱怨工作的累，一方面期望能拿更高的薪金。如此，把自己搞得狼狈不堪。其实，我们需要重新来看待自己的工作，工作不仅仅是谋生的手段，其本身就是人生的内容。对于每一个人来说，最痛苦的不是贫穷而是无事可做。在这一点上，或许，当你还不是很富有的时候难以体会到，但那些富人却深有体会。

3.热爱你的工作，激发对工作的热情

那些世界级的富豪，为什么他们的钱多得可以用几辈子，但他们还是努力工作。其源于对工作的激情，以及他们乐于做这份工作。萨默·莱德斯通说：“实际上，钱从来不是我的动力。我的动力是对于我所做的事的热爱。我有一种愿望，要实现生活中最高的价值。”这或许是对那些富豪为什么还努力工作的最好回答，工作本身给我们带来的物质享受是低级的、暂时的，而在其中体验到的精神上的愉悦才是长久的、深刻的。

俗语说得好：“纵有房屋千百间，睡觉只需三尺宽；纵有良田千万顷，一日只能吃三餐。”对每一个人来说，人生的享受与追求不仅仅满足于生存的需求，还有更高层次的需求，也就是实现自我。从这个意义上来说，真正能让人实现自我的只有一件事——工作。对此，身为职业人，应对工作有激情，如此，你才能享受到工作中的快乐。

优秀的职业人，从不会在本职工作中找借口

没有任何借口，不仅只是做好本职工作的前提，更是缓解

工作压力的基础。在日常工作中，人们总会遇到各种各样的问题，这时，往往有两种态度：一是找借口躲避；二是找方法解决。不少人觉得，自己能解决什么问题，能躲就躲吧，其实，这就是找借口的典型表现。不同的态度，不仅是工作效果的差别，更是不同命运的差别。那些主动找方法解决问题的人，必然是发展最快最好的人；而那些不断找借口的人，必然是最没有发展的人。"找借口"是工作中最大的恶习，是一个职业人逃避应尽责任的表现，它所带来的，不仅仅是工作业绩的失败，甚至会给公司和社会带来不可想象的损害。因此，要想成为一名优秀的职业人，需要做好本职工作，在任何时候，都不要找借口。

"没有任何借口"是一个职业人最基本，也是最重要的素养。这是每个人都需要具备的素养，只有你把握了这一点，才能将工作状态调整到最好，挖掘出自己最大的潜能。这样，不仅能给公司创造出最好的成绩，也能使自己得到最好的发展与回报。对于一个职业人说，自己的大部分时间都在工作中度过，而正是通过工作，自己才能创造出最大的人生价值。一个真正期望其人生有价值的职业人，是绝对不会在工作中找借口的。在工作中，"没有借口"是一种优秀的职业素养，更是一种杰出的人生态度。

小张毕业后的第一份工作，是为公司的老总做秘书，而她做好的绝不仅仅是本职工作而已。工作没多久，小张便了解到老总患了一种慢性病，严重时会影响到工作，对此，小张显得格外小心。

有一天，小张在上班路上发现了一家药店的广告，上面介绍了一种可以治老总病的特效药。于是，小张赶紧下车，将药买下，没想到这一耽搁，让从不迟到的她晚到了半个小时。她到了办公室，正碰到老总找她要资料，见小张迟到便很不客气地训斥了一顿。在那一刻，小张觉得自己很委屈，当时就想解释，但转念一想：不迟到是公司的规定，有什么理由不遵守呢？于是赶紧道歉，一如往常地工作。

下班了，小张悄悄地将药放在了老总的桌子上，准备离开。老总发现了药，一下子反应过来，当得知真实情况的时候，老总对自己早上的言行感到内疚，问小张："你为什么不早说呢？"小张只是很诚恳地说："您对我的批评是对的，不迟到是每个员工都应该遵守的规定，不论出于什么理由，我都不能找任何借口。"

许多人在工作中秉承这样一个理念：干好工作就行了，其他事情跟我有什么关系呢？对此，许多人问小张她是如何做到的，小张笑着说："其实我也只是转换一下思考问题的角度而已。如果只从自己的角度与感受出发，当然做不到。但是，只要我们围绕工作应尽的责任来思考，就会觉得非做不可！因为一个对自己负责的人，是没有任何借口的！"或许，小张的这几句话对那些总在找借口的职业人有很大的帮助。

此外，在工作之余，我们还可以通过一些小技巧来获得快乐。

1.与身边的上司同事保持良好关系

我们最大的苦恼就是无权选择要和什么人一起工作，假如与其他人的关系不好，那工作就可能变成苦恼之源。所以，在工作中需要与上司、同事保持良好关系，需要注意的是不要过于责备别人；不要在意上司的批评；不要讲闲言碎语；不要与人争辩。

2.以自己的工作为荣

即便你并不是很喜欢你的公司，但还是应该努力把工作做好。因为只要你努力做好工作，就能够获得成就感，而且从中找到工作目标。假如你觉得自己的工作没有任何意义，那你内心就会感觉到无穷的压力，你根本没办法在工作中找到快乐。可以说，良好的工作态度有助于得到上司的青睐以及同事的赞赏。

3.不要将工作带回家

下班之后基本上就自由了，严格区分工作与生活。绝对不能把任何工作带回家，包括检查电子邮件或考虑工作安排。当晚上来临，就努力把白天的工作忘掉，因为你在家里不可能完成什么工作，不如把这些事情都留到明天。

4.不要与公司承担巨大压力

许多公司都有巨大的销售计划和利润目标，这样的公司理念很容易将压力带给员工，工作环境也变得压力十足。但是，作为员工，应该明白自己没有义务背负这种重压。不如把精力放在工作上，反而会为公司创造更大的价值。

5.不要闲言碎语

人们很容易被办公室的八卦对话所吸引，甚至从这些流言中获得暂时的快感。不过这些快感给别人带来的伤害却是长时间的，也可能破坏你与其他人之间的关系。所以，不要在别人说闲话的时候煽风点火，而应该表现出一些善意。试想，你说别人的闲话，也许别人也会说你的闲话。

6.午休时好好放松

一旦有时间就尽量摆脱充满压力的工作环境，换个环境可以让头脑更清醒。假如你把所有的时间都花在办公室里，你身体会无比疲倦。在午休的时候，可以找个优雅的咖啡馆或小花园放松一下，这可以帮助自己恢复精力。离开了办公地点，不管是独处或找朋友聚聚都是很好的选择。

一些人在工作失败后总是为自己找借口，从来不反省自己的过失，结果，自己本职工作没做好，反而搞得心情很差。其实，找一次借口并不可怕，可怕是将逃避和推托变成了习惯，到最后，就连借口也成为自欺欺人的手段，这无疑会成为阻碍自己向前发展的枷锁。

第08章 觉得自己承受不住的时候，不妨再坚持一下

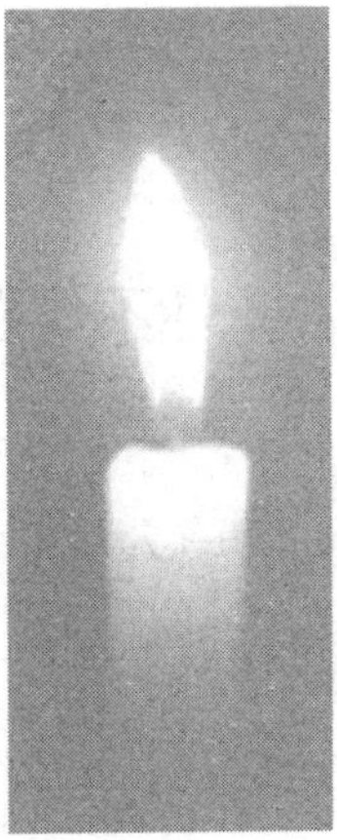

从古至今，每个人都在争取成功。然而，大多数人在失败的绝望中放弃了努力，只有少数人一直坚持到最后，在他们快要承受不住的时候，他们会告诉自己再坚持一下，结果他们成功了。细心的人会发现，即使是伟人的成功也不是一蹴而就的。相反，伟大的人之所以能够取得如此骄人的成绩，恰恰是因为他们承受了常人不能承受的压力、挫折与失败，事实上，我们缺乏的就是这种坚持到底的决心。在挫折与失败中不断提升自己的能力，才能最终获得成功。

你不仅要学会坚持，还要学会放弃和变通

有人说“成功就是坚持坚持再坚持，然后放弃”，这句话教给我们如果一件事情本身没有坚持的必要了，或者不适应这个时代，那么我们就要学会变通，学会放弃。在工作中也是一样的，如果再三坚持，我们没有任何进展，或者收益并不像我们所想象的，那么换一份更好的、更适合自己的工作，也许会有更好的结果。

“上帝为你关上一扇门，一定会在别处打开一扇窗”。年轻人要学会适当变通，只要不是自己的性格缺陷造成的工作无法继续，而是所在单位整体氛围的问题，我们就没有必要妥协，跳槽对于我们来说，倒是一份福祉。

工作很重要，但是它比不上一个人的人生重要，比不过一个人的心理健康重要，如果工作单位的企业文化和你的信念，与你的传统文化意识有冲突，那么在这种氛围里，你会受到极大的摧残。

有一个年轻人大学毕业后曾在一个日企工作过一段时间，那段时间他每天上班前都要哭一场，工作对于他犹如炼狱，3个

月他连瘦了10斤，精神抑郁。他本人和日企文化之间有着不可能融合的鸿沟，日企文化严谨，做事一板一眼，工作强度和压力都非常大，这和他散漫的性格格格不入，他需要有张有弛的工作环境。他的家人实在看不下去，逼他辞了职。后来，他去了一家创意型公司，精神愉悦了不少，工作也有了很大进展。

无论如何，也不应该鼓励年轻人轻易跳槽，但是，如果有非跳不可的理由，或者有更好的选择，抑或是能够帮你更好地实现个人价值，跳槽就是一种理智的行为。能够积累经验固然是每个人都希望的，但这个时代允许人们更快地实现自我价值，允许人们有更多的选择，所以一旦机遇来临，你完全可以毫不犹豫地抓住它。

工作只是一个平台，它的意义在于实现自己的人生价值，在于你对于这个世界的贡献。如果有一个岗位，你可以更快地、更多地奉献自己，做出更多有意义、有价值的事情，对于你来说不是更好吗？对于工作，我们都有自己独特的见解。对于别人来说是好工作好机会，对于你来说也许一文不值，所以，如果你决定跳槽，就必须找到绝对不能容忍的原因，而不仅仅是借口，同时还要为自己找好退路，莽撞的跳槽和辞职是不妥当的。

跳槽固然意味着机会，但同时也有巨大的风险，想要跳出更大的职业发展空间、跳出更好的薪酬待遇，就要在跳前弄明白你想去的行业、公司的具体状况，做好各种规划，不能盲目地跳槽。

首先，在跳槽之前弄清楚自己离开公司的最根本原因是什么，然后才能找到一个更好的工作单位。例如，因为你不喜欢不适应这个行业，学不能致用而跳槽，那么跳槽的同时你还面临转行；如果你是因为不能融入企业文化而跳槽，在收集将要去的公司资料的时候就要特别注意公司文化和你自身意志的一致性；如果你是因为经过努力可人际关系仍然无法融洽而跳槽，那么你最好经人介绍而找工作，避免进入一个你仍然不能融入的环境；如果你是因为另一个公司的待遇更好，发展前景更广阔而主动跳槽，你最好了解清楚他们公司是否有你最不能容忍的状况存在。

弄清楚自己真正跳槽的原因之后，必须对跳槽有一定的心理准备，跳槽的结果不一定是好的，也许会越弄越糟，对此有一个清醒的认识，才不会在将来后悔。在决定跳槽之前一定要清醒地认识到自己需要找一份什么样的工作，问自己几个问题：我需要入哪个行业？从事什么职务？这种职务需要哪些技能和专业知识？我能否胜任？是否有进修机会？职业前景是否良好？我为此愿意承担怎样的压力？如果这次跳槽失败，我准备在多久以后着手下一次跳槽？想清楚自己适合做什么，对于跳槽是非常关键的。

其次，你需要建立自己的信息渠道，搜集一些未来希望待的公司的情报，例如，定期浏览招聘网站，了解就业市场的情况；利用自己的关系网了解自己希望进入行业和公司的基本状况，如待遇情况、公司文化、人际状况等；或者通过猎头，寻找你觉得满意的工作岗位。列出一张有可能的雇主清单，通过信件或电子邮件的方式和他们进行交流。

最后，准备好这些以后，你就要真正把跳槽提上日程了，和原有的公司善始善终地结束关系，也是一门学问。弄清公司规定雇员最好多长时间以前提前向公司递送辞职报告，合同中是否涉及违约金状况。做好离职过渡期的安排，不要在最后的时间里和原公司起冲突。好聚好散是一个人最基本的职业道德，不要恶言冷语。当然，可能在最后的时候，会有一份报告，如指出公司存在的不足，这点尽管坦然指出，但语言最好含蓄温婉，而有建议性，这是你为公司最后能做的一点事。

30岁以前，我们大概要经历两个阶段，一是职业探索阶段，二是职业发展阶段。我希望年轻人在探索阶段的时候，要以融入工作环境、适应竞争为主，少跳槽，降低职业探索成本；而在职业发展阶段，我希望每一个年轻人都能够跳槽一两次，找到自己适合的、有发展前景的工作。

成功者，从不半途而废

每个人都渴望成功，每个人都希望能够在人生的舞台上展示自己，然而，成功却并非那么唾手可得。在通往成功的路上，无数人倒下了，只有极少数的人能够一往无前，最终摘得成功的桂冠。那么，那些倒下的人的确不如这些最终获得成功的人吗？事实并非如此。其实，那些倒下的人之中，也许有的人实力更强，而和成功者比起来，他们缺乏的只是坚持到底的精神。纵观那些成功人士的历史，我们会发现，大凡成功人士都有一个共同点——即使遇到再大的艰难险阻，他们也从不轻易放弃。而那些失败的人，则大多数是半途而废的人。

人是群居动物，几乎每个人都生活在别人的评价之中。除了自己对自己缺乏信心而导致的放弃之外，很多人之所以失败，是因为他们在别人的否定之中放弃了自己。在做一件事情的时候，我们难免会被别人评价。这些人也许是我们的家人，也许是我们的朋友、同学、同事，也许是我们亲密无间的爱人，当然，也有可能是素不相识的路人。生活中，很多人做事情有着自己的主见，只要自己认准的事情，不管别人说什么，也不管遇到多少困难和阻碍，他们都能一如既往地坚持。而有些人呢？是我们俗称的“棉花耳朵”。他们非常在意别人对他的评价，别人说他一句好话，他会为此而兴奋好几天。相反，别人一句不经意的否定的话，就会使他感到非常沮丧，甚至陷入绝望。无疑，第一种人更容易获得成功，而第二种人则总是上演着半途而废的人生悲剧。

我们需要明白的一个道理是，每一个人都是为自己而活的，而不是为别人。尽管我们要做到从谏如流，但是，我们同时也应该有自己的主见，也要学会坚持。只有你坚持不懈，你才可能不放弃自己，才有可能离成功之巅越来越近。

高中毕业后，李华名落孙山。面对亲人无限惋惜的眼神和邻居的指指点点，他断然拒绝了父母让他再复读一年的要求。一则，他的父母都是老实巴交的农民，无力负担复读的费用；二则，李华想用另外一种方式证明自己，告诉所有人，即使不上大学，也一样能拥有成功的人生。

恰逢村里的大山要往外承包，在父母的强烈反对声中，李华毫不犹豫地开始了竞标。毕竟李华是高中毕业生，他的思路比那些从小就和土地打交道的地地道道的农民，无疑开阔了很多。听着李华经过调研精心写出来的报告，村里的领导不由得耳目一新。在李华的讲述中，他们似乎看到了村里未来的发展远景。就这样，村里以很优惠的条件把大山承包给了李华。从此，李华开始了面朝黄土背朝天的生活。

看着从小没有下过地的儿子如今整日在大山里挖坑种果树，李华的父母很心疼。他们加入李华的队伍，和儿子一起挖坑种果树。也许是现实和理想之间有着太大的差距，第一年，李华种的果树大部分没有成活。看着买树苗的钱都打了水漂，很多人都劝李华不要再投入了，因为大山上都是石头，根本不可能养活果树。对此，李华却坚定不移。他相信，自己一定能够把荒山变成聚宝盆。后来，李华研究了很多果树的品性，并且还研究了大山的土质特点，最终决定种栗子树。而且，他还准备进行生态养殖，即山上种栗子树，山上养野猪，山下养野鸡。就这样，几年过去了，李华把自己所有的心血和汗水都洒在了山上。渐渐地，山青了，水绿了，生机盎然。接着农家乐开始走入人们的视野，李华把自己几年来辛苦赚到的钱都投资建造了一片农家院，租给那些来山里度假的城里人。他不仅自己富裕起来了，还从村里雇用了很多赋闲的小伙子、大姑娘，让他们到自己的农家乐工作。

高考落榜之后，假如李华一蹶不振，那么等待他的将是截然不同的命运。值得庆幸的是，他是一个很有想法的人。面对别人的同情和质疑，他毫不犹豫地走起了自己的路。事实证明，他丝毫不逊色于那些考上大学的同学，他的人生必将有一片别样的风景。

生活中，也许每个人对于成功都有着不同的定义，也许每个人的成功都有不一样的风采，然而，对于所有成功的人而言，他们的共同点是坚持，不放弃。即使前方的道路再怎么坎坷和曲折，他们也能够坦然面对，坚定不移地走下去。如果你能够做到这一点，那么，你就能够获得成功。

勇敢点，人生没有过不去的坎

当生活的困难从天而降的时候，人们往往有两种截然不同的心态：有的人感觉到天都塌下来了，什么都完了，他总是与困难较劲，除了抱怨还是抱怨，似乎他的整个生活都已经被不幸吞噬了；而有的人则保持乐观的心态，他们甚至会将那些灾难和不幸当作朋友，最后，他们就真的在磨难中有所获得，从而赢得人生的一笔宝贵财富。我们可以清楚地看见，前者是拥有消极心态的人，在困难面前，他只会较劲、抱怨；后者是拥有乐观积极心态的人，他总是将生活中的困难当朋友一样看待。若是朋友，又怎么会担心给自己的生活带来不幸呢？

拥有18亿元身价的俞敏洪是新东方教育集团的创始人。1980年经过两次高考落榜后，俞敏洪考入北京大学外语系，在北大读书，俞敏洪不会吹拉弹唱，不会说普通话，他经常得到的就是老师和同学的“白眼”。英语老师评价俞敏洪说：“只能听懂俞敏洪三个字，鹦鹉都不如。”这些刺耳的话语令他刻骨铭心。于是，他一天十几个小时地狂听狂背，创纪录地熟练掌握了8万个英语单词。

1984年俞敏洪留校当了教师，却依然被北大边缘化。六七年之后，为了赚取出国学费，俞敏洪就到校外的民办外语培训机构教课，被北大发现后受到了严肃的通报批评。他愤然辞职开始了新东方创业历程。起初，他租用中关村二小的一个小平房，俞敏洪自己拎着糨糊桶，不得不在零下十几摄氏度的冬夜到处张贴招生广告。1995年，新东方急速发展起来，拓展了业务领域，完成了向现代公司的转变。到年底时，在校学生数已经达到千人的规模。

据公开资料统计，现在每年有近1000万人在接受着新东方的英语培训。2005年9月7日，新东方成功登陆纽约证券交易所，发售了750万股美国存托凭证，一举融资1.125亿美元。新东方成了第一家在海外上市的中国教育培训公司，俞敏洪成了有史以来中国最富有的教师。

俞敏洪的成功是在困难中历练的结果，坎坷不平的人生道路造就了俞敏洪不屈不挠的性格，也造就了俞敏洪踏实前行的人生之路。他的故事告诉我们：成功的人生必然要接受困难的洗礼。如果我们无法回避困难的存在，就要学会与困难成为朋友。人生旅途道路曲折，有高就有低，有起就有落，困难是客观存在的，如果我们想从困难中挖掘点什么，那就要学会跟它成为朋友。

格哈德·施罗德出生在一个工人家庭，小时候，父亲在远征苏联的战争中牺牲，施罗德兄妹五人与母亲相依为命。有一段时间，他们住在一个临时搭建的收容所里，尽管母亲每天工作长达14小时，但仍然不能满足家里的开支。年仅6岁的施罗德总是安慰母亲："别着急，妈妈，总有一天我会开着奔驰来接你的。"

逐渐长大的施罗德进了一家瓷器店当学徒，后来又在一家零售店当学徒，1963年施罗德加入了民主党。在之后的10年里，他读完了夜校和中学，后来到格廷根通过上夜大来攻读法律。大学毕业后，他获得了律师资格，成为一名律师，不久之后，他当选为社民党格廷根地区青年社会主义者联合会主席。在以后的日子里，施罗德一直活跃于德国政坛，46岁那年，施罗德再次竞选成功，成为萨克森州州长，就是在这一年，施罗德实现了儿时的愿望，开着银灰色奔驰轿车将母亲接走了。也许，是儿时的苦难记忆，让施罗德在人生的道路上丝毫不敢懈怠，8年之后，施罗德一举击败连续执政16年之久的科尔，当选为德国新总理。

童年时期的施罗德曾在杂货铺里当学徒，那时他常说的一句话是："我一定要从这里走出去！"他成功了，而且，比自己想象中走得更远。在成功的路上总是伴随着困难，施罗德从来没有把困难当成一回事，儿时的记忆让他明白：自己必须与那些客观存在的困难成为朋友，这样自己才能走得更远。

1.战胜困难，就一定能成功

有人说，人生是由幸福和痛苦组成的一串珍珠。谁也无法回避四季的风雨冰霜。要有一种战胜困难的信心和勇气，困难可以锻炼人的品质，磨砺人的意志，激发人的智能，增长人的才干，显露人的本色。在生活中，只要我们有信心战胜困难，那就一定能拥抱成功。

2.别和困难较劲

当困难降临，如果我们总是与困难较劲，不断地抱怨生活的不公平，这样做有什么意义呢？不仅解决不了困难的问题，反而会让自己心情变得更糟糕。在困难面前，如果暂时不能战胜它，就先跟它成为朋友，了解它，这样才能寻找出解决的办法。

拿破仑说：“人与人之间只有很小的差异，但是这种很小的差异却可以造成巨大的差异。很小的差异即积极的心态还是消极的心态，巨大的差异就是成功和失败。”所以，当生活遭遇不幸，别和困难较劲，而是让困难成为你的朋友，直面苦难，人生没有过不去的坎，只要你抱着这样的心态，就一定能战胜艰难困苦，最终走向成功。

只要不放弃，终能乘风破浪

生活中，人们似乎把为时已晚当成了口头禅，不管做什么事情，只要时机不是刚刚好，他们就会说为时已晚。细心的人会发现，总是爱说这句话的人，不管做什么事情都无法坚持到底，他们总是半途而废。的确，为时已晚这句话听起来就有些泄气，尤其是对于意志不够坚定的人而言，这句话一旦出口，简直就让自己的信心、勇气和魄力一泻千里。古人云，一鼓作气，再而衰，三而竭。在战场上，负责擂响战鼓的人总是至关重要，因为他们的号角使每个人都斗志昂扬，无限激昂。倘若从心底里放弃了，则再也难以鼓起信心和勇气继续冲锋陷阵，人生也是如此。每个人都必须一鼓作气，才能乘风破浪、沧海云帆。

当我们把为时已晚挂在嘴边，就意味着我们必将浪费更多的生命。我们不但无法因此而挽回之前在时间上的损失，反而还会为此导致自己错失未来的人生。当一个富翁奄奄一息地躺在床上说为时已晚时，他肯定不想马上从床上起来，尽量弥补自己前半生因为忙于事业而给家人的亏欠。当一个领导说为时已晚时，这就意味着他不再愿意带领团队披荆斩棘，为了未完成的项目继续奋斗，也就意味着他放弃了即将到手的荣誉和成就。当一个医生说为时已晚时，就意味着他已然放弃了希望，不愿意再继续为了挽救病人而作继续的努力。总而言之，当为时已晚出口，说明当事人已经从心底里松懈，不再愿意继续努力。因而，不管什么时候，我们都不要轻易说为时已晚。不管事情发展到哪一步，我们都要努力地面对，尽力地争取，不到最后关头决不放弃。

作为葡萄牙的著名作家，萨拉马戈的人生是与众不同的。尤其是在文学创作的道路上，他经历了很多坎坷和挫折。早在25岁时，勤于笔耕的他就出版了生平第一本小说，遗憾的是没有获得成功。直到50岁的时候，他才再次拿起笔进行文学创造。不知道的人一定觉得很纳闷，从25岁到50岁，按理说应该是一个人一生中创作的最佳时期，也是无可取代的黄金时期，他为什么辍笔了呢？原来，萨拉马戈原本是个电焊工，从事最底层的技术工作。因为25岁时第一本小书的出版，所以他丢掉焊枪，开始进行创作。然而，他一直默默无闻，从未有过突出的表现。为了生存，他开始从事新闻报道，也进行戏剧创作。尽管这两项工作也是在与文字打交道，但是与文学创作显然还是有着明显区别的。在这20多年的沉寂中，当身边的人都觉得萨拉马戈一定会从此沉沦下去，再也无缘作家的梦想，更不可能创作出惊世骇俗的作品时，萨拉马戈的心中却始终在为着梦想而努力——获得诺贝尔奖。因而，虽然他已经50岁了，但还是义无反顾地再次拿起笔开始进行文学创作，并且决定要专心一意地以此为事业。得知这个消息，大家全都震惊了，纷纷表示反对。萨拉马戈非常感谢一位朋友，因为在众多的反对声中，只有这位朋友坚持鼓励他，对他说：“只要有梦想，何时都不迟。”就这样，萨拉马戈义无反顾地拿起了笔，再次开始进行创作。

遗憾的是，这位对萨拉马戈忠心耿耿、无条件支持的好朋友没有看到萨拉马戈的成功。在萨拉马戈的《修道院纪事》出版时，这位好朋友去世了，让萨拉马戈沉浸在人生无常的深深感慨中。自此，萨拉马戈一发而不可收拾，更加勤于写作。后来，他完成了《失明症漫记》等很多传世的经典之作，并且于1998年获得了诺贝尔文学奖。此时，萨拉马戈已经76岁高龄了。对于他的作品，评委给出了中肯的溢美之词："他的作品想象力丰富，充满着同情，而且笔下充满了讽刺意味。因为这部作品，我们才有机会重温那段让人疑惑不解的历史。"

对于这迟到的至高无上的荣誉，萨拉马戈坦然接受。他要感谢的人很多，但让他最感谢的是从50岁开始追逐梦想的自己。不管是面对坎坷和困境，还是面对越来越逼近的生命终点，萨拉马戈从未觉得为时已晚。

看看萨拉马戈的成功经历，你还会说为时已晚吗？对此，萨拉马戈曾经说："我老了，因此我把每一部新作品都看成是挑战，也看成是人生可能的绝唱。因此，我必须让自己每一部正在创作的作品都令人满意，否则就太糟糕了。"其实，大器晚成的名人有很多，如肯德基爷爷，以70多岁的高龄，连续两年开着破旧的老爷车奔波在美国广袤的土地上，才最终成功推销出去自己的炸鸡秘方。只要努力，任何时候都不嫌迟。从萨拉马戈和肯德基爷爷的身上，我们一定要明白这个深刻的道理。

成功不分年龄，不管你是十几岁的少年，还是垂垂老矣的古稀老人，只要你心中始终怀着梦想和希望，不离不弃地追逐自己的梦想和希望，你就有可能突破自身的局限，最终获得成功。退一步而言，即使你与成功失之交臂或者相差甚远也没关系，奋斗的经历就是你最宝贵的财富。因而，不管什么时候都不要因为为时晚矣而放弃行动，只有行动，才能让你的梦想更加生动，更有可能实现。

生活中，很多人哪怕遭遇一点小小的挫折，也会放弃希望，失去信心。这样的人，无法面对生活的汹涌澎湃和大风大浪。没有人的生活是一帆风顺的，很多时候我们往往不能如意，所以必须保持坚强乐观的心态。任何时候，都不说晚；任何时候，都不放弃希望。

没有较强的忍耐力，就无法获得成功

巴菲特说："成功的路上需要更多的是忍耐。"所谓的苦难、错误并不是白白经历的，忍耐这些痛苦之后，它会让我们的人生绽放出最美丽的成功之花，因为忍耐力是成功的砝码。具有强劲忍耐力的人，他们从来不惧怕挫折和困难，他们甚至将挫折当作自己人格的试金石。如果没有较强的忍耐力，就没有勇气，没有拼搏精神。对此，巴菲特对孩子说：“只有保持强劲的忍耐力，一往无前，坚持不懈，才会在失败中崛起，奏出人生的华章。”人们在面对压力和困难时往往会激发出巨大的潜能，但在迎难而上的同时，注定要经历磨难之苦，这时若没有较强的忍耐力，就无法获得成功，因此，我们说，忍耐力是成功的砝码。

1832年，林肯从哈佛大学毕业后，开始工作，可是不久却失业了，这个打击让他很伤心，同时，他下定决心要当政治家，要成为议员。但是更糟糕的是他竞选失败了。一年里的两次打击让林肯痛不欲生。后来他又开始创办企业，可是，不到一年的时间，企业也倒闭了，为了还债林肯在后来的17年里，历经磨难。

后来，当林肯再次竞选州议员时，他成功了，这次的成功让他心里有了一丝希望，他看到了生活的转机。

可是苦难仍然没有过去，当林肯于1835年订婚，他的未婚妻在结婚前几个月的时候离开人世。这次将林肯打击得太深了，他心力交瘁，躺在病床上数月，1836年，他被检查出得了精神衰弱症。

1838年，身体刚刚好转的林肯开始竞选州议会议长，但是他失败了，1843年，他又竞选美国国会议员，结果还是一样：失败。在一次次的失败后，林肯仍然不放弃。

直到1846年，林肯终于成功竞选上了国会议员，可是当两年任期过后，他满怀期望地申请连任时，却又失败了，当他退而求次地想担任地方官员时，也被拒绝了，一直到1856年，林肯又申请竞选国会议员，又失败了，他又竞选美国副总统，可是结果还是失败。

所幸的是，林肯从来没有放弃自己的追求，他一心想成为自己生活的主宰，所以他在一次次的失败后，没有放弃，终于在1860年，林肯如愿地当选了美国总统。

亚伯拉罕·林肯在竞选参议员失败后曾说过这样一句话："此路艰辛而泥泞。我一只脚滑了一下，另一只脚也因而站不稳；但我缓口气，告诉自己'这不过是滑一跤，并不是死去而爬不起来'。"确实，一次失败并不会让你一无所有，相反，内心的忍耐力会让你得到宝贵的经验去开始下一次尝试。

一个人如果不通过不断的磨砺来提升自己、完善自己，就会让自己私欲、情欲膨胀，自己的意志也变得软弱。一个人若是要想成就一番事业，那就必须不断地磨砺自己，除此之外，别无他法。凡成大事者，必须忍受得住困难的打磨，经得起失败的打击，成功需要风风雨雨的洗礼，一个有追求、有抱负的人，总是视挫折为动力，有一句话说得好："能受天磨真铁汉，不遭人嫉是庸才。"所以说，忍耐力对于天才是一块成功的跳板，对强者是一笔宝贵的财富。而对于弱者，就是使之坚强的臂力器。

1.忍耐力是不可多得的财富

成功的人生往往是从卓越的目标开始的，但卓越目标的背后肯定是充满荆棘和坎坷的路。如果想要通过这样一条路，就必须经受得住荆棘的刺痛和坎坷的摔打，而要经受住这一切，就需要较强的忍耐力，这样追求成功的意志才会坚强起来。忍耐力是人生不可多得的财富，拥有了这笔财富，就没有什么困难不能克服，没有什么曲折可以把人击倒。

2.在忍耐中保持乐观

曾有人说："成功的人生是痛苦与失败的交织，是磨难与顺利的交替。"命运赐给我们机遇和幸福，同时也给我们缺憾和困难，如果我们缺乏应有的忍耐力，在痛苦与困难面前低了头，那我们也将失去机遇和幸福。因此，面对生活中的挫折和困难，不要畏缩自卑，不要怨天尤人，而要用坚强的意志和刚毅的态度对待磨难，用豁达的心态来对待生活，这样我们就会多一点希望，收获多一些幸福。

听从心中目标的召唤，坚持不懈地走下去

目标对于每个人来说，它有一种巨大的魔力，能够不断地召唤着我们前进。无论自己定下的目标是什么，我们都要听从

心中目标的召唤，紧紧跟随着它，坚持不懈地走下去，那么就一定会实现我们的目标。

一位穷苦的牧羊人为了生活，不得不每天带着两个年幼的儿子帮助别人放羊，一天，父亲带着儿子们赶着羊到了一个小山坡，他们看见一群大雁鸣叫着从自己的头顶上飞过。小儿子问父亲："大雁这是要飞到哪里去？"父亲回答："这边冬天来临了，为了度过冬天，他们要飞到一个温暖的地方安家。"大儿子眨了眨眼睛，羡慕地说："要是我也能飞起来就好了，那我要飞得更高，我就可以去看妈妈了。"小儿子也说："如果我是一只大雁多好呀，我可以飞到自己想去的地方，那样，我就不用再放羊了。"父亲沉默了，然后对儿子们说："如果你们想飞，你们也会飞起来。"两个儿子都试了试，尽管他们很用力，可是还是没有飞起来，他们看着父亲，父亲也试了一下，可是也没有飞起来，于是他说："爸爸已经老了，飞不起来了，可是你们还小，等你们长大了就能飞起来了，到时候你们想飞到哪里就能飞到哪里。"从此，兄弟两人就怀着这个梦想一天天地长大了，后来，他们终于实现了自己的梦想，飞翔在天空中，他们就是后来的莱特兄弟。

黎巴嫩著名诗人纪伯伦曾说："我宁可做人类中有梦想和完成梦想愿望的、最渺小的人，而不愿做一个最伟大的无梦想、无愿望的人。"人类最大的本能就是对未来充满梦想，那样我们才能在不断的长大中，一点点地为自己的这个梦想努力，所以，我们不应该放弃自己的梦想，要用心地灌溉，一定要相信自己，总有一天，我们的梦想都会实现的。

在美国，一次作文课上，老师给同学们出了一个题目：我的梦想。一个小朋友很快地写下了自己的梦想，他希望自己能拥有一座属于自己的庄园，在里面有木屋，有烤肉的地方，还有旅馆。而当他的这份作业交给老师的时候，老师直接就给他画了一个大大的红“×”，并要求他重写，小朋友不知道自己到底哪里写错了，老师说：“我让你们写的是自己的梦想，而不是这些不符合实际的梦想，我要是的能实现的，而不是这些空想的。”小朋友还是继续说道：“可是这就是我的梦想呀！”老师听后很生气，说道:“你这些梦想都是不能实现的，是空话，我要求你重写。”小朋友不愿意就这样放弃：“我清楚地知道这就是我的梦想，而这就是我想要的，我不会改变它的。”老师摇了摇头，说，“你要想清楚了，如果你不愿意改的话，我只有判你不及格了。”小朋友摇了摇头，什么也没有说，最终老师只给了他一个“E”。

30年后，老师带着一群学生来到一座庄园吃烧烤，他看见庄园的主人时，认出了他就是当年自己的那位学生，而他，真的实现了自己的梦想，拥有了一座庄园，而且有烧烤区，有旅馆，于是，老师很惭愧地说道：“这么多年了，我不知道用成绩改变了多少人的理想，你是唯一一个没有被我改变的，你实现了自己的梦想。”

每个人都有自己的梦想和目标，但并不是每个人都能实现心中的目标，只有坚持相信目标的人，才能实现自己心中的目标。即使生活里遭遇了困难与挫折，也不要沮丧，也不要放弃，我们应该更加坚定自己的目标，努力实现目标，一旦机遇来临，我们就能实现它。

但凡有巨大成就的人，都有自己想要实现的目标，他们绝不像太平洋中没有指南针的船只一样，随风漂荡。成就梦想，定下目标是第一步，然后思考：如何达成自己的目标。

1.坚持目标

在追求目标的过程中，遇到了困难要努力坚持，因为目标带来的信心可以战胜一切恐惧。在追寻目标的过程中，我们既需要有危机意识，更需要有坚定的毅力，只有这样我们才能稳步前进，最后达到自己的人生目标。

2.永远不放弃自己的目标

在人生的道路上，目标不会离我们而去，除非我们自己放弃了目标。或许，目标的确立是不容易的，或许在追寻目标的过程中是艰难的。但不管怎么样，我们都要坚定地走下去，永远不放弃自己的目标，这样我们才有机会去实现我们的目标。

第09章 坚持做自己，而且要做最好的自己

生活中，我们都知道，每个人都是不同的，也有着不同的生活轨迹、不同的人生方向，但无论如何，我们做自己、认清自己想要的人生就好，也就是说，每一个人都应该有自己的人生，有自己的成功之路，在这条成功之路上，都应该有属于自己的成功底牌，打拼出自己不一样的人生，这样我们的人生才会是独特的，才会是精彩的。

不要让他人左右你前进的方向，快乐地做自己就好

伊索寓言中有这样一个故事：一个老头儿和一个小孩子用一头驴子驮着货物去赶集。赶完集回来，孩子骑在驴上，老头儿跟在后面。路人见了，都说这孩子不懂事，让老年人徒步。孩子就忙下来，让老头儿骑上。于是旁人又说老头儿怎么忍心，自己骑驴，让小孩子走路。老头儿听了，又把孩子抱上来一同骑。骑了一段路，不料看见的人都说他们残酷，两个人骑一头小毛驴，把小毛驴都快压死了，两人只好都下来。可是人们又都笑他们是呆子，有驴不骑却走路。老头儿听了，对小孩子叹息道："没法子了，看来我们只剩下一条路了：我们扛着驴子走吧！"

故事中的一老一少过于在意别人的看法，因此最后不知所措，他们可以说是完全让别人牵着鼻子走了。是的，不管你怎么做你都无法让所有的人满意，所以说，不要让他人左右你前进的方向，做好自己，让结果不留遗憾，这就已经非常不错了。

朋友们，想清楚，自己的方向是靠自己控制的，前进道路

的选择权也在你自己手中，别人可以给你建议，但是做主的还是你自己，所以说，快乐地做我们自己吧！按照自己的意愿去做人做事，我们就不必勉强改变自己，不必费心掩饰自己。这样，就能少一些精神的束缚，多几分心灵的舒展；就能少一点不必要的烦恼，多几分人生的快乐与轻松。

有一个姑娘叫珊珊，长得不是很漂亮，还有些胖。珊珊的妈妈总是用自己的方法来打扮珊珊，让她感觉自己要比其他同龄的孩子大得多，珊珊也从来不和其他的孩子来往，她非常自卑、敏感，总是独来独往。

后来，珊珊长大成人，直至结婚，她的性格也没什么变化。珊珊总是躲在自己的壳里，跟老公的家人也很少交流，幸好老公家的人都非常好，他们鼓励珊珊走出自己的世界，希望她能变得开朗，但是他们所做的一切，总是令她紧张不安，有时她甚至害怕听到电话的声音。珊珊不愿意参加各种活动，对于那些实在推不掉的应酬，在表面上珊珊看着比较高兴，但是她的眼神里总是充满着恐慌。珊珊很在意他人的看法，如果看到别人在窃窃私语，她就会认为大家在议论她，如果别人多看她一眼，她就会认为那人是嫌她胖，或者厌恶她的穿着。每一天的生活对珊珊来说都很难受，觉得生活没有意义。

看到珊珊的现状，她的婆婆非常着急，有一次就跟珊珊谈话，询问珊珊到底是怎么想的。交流一番之后，婆婆明白了她的心思，也给了珊珊很多建议。最后，婆婆说：“珊珊，每个人都是独一无二的，那么，我们就应该保持自我，也就是说保持自己的本色，这样你才会活得轻松快乐啊！”这句话让珊珊恍然大悟，她明白她总是生活在别人的世界中，总是用别人的眼光、别人的模式去要求自己，根本就没活出真实的自我来。

从此以后，珊珊就变了。她开始重新审视自己，在乎自己的想法和看法，她选择适合自己的穿衣风格，她主动接听电话，甚至主动联系朋友，参加各种活动，虽然还是有些紧张，但是她已经能有勇气在活动中发言。珊珊说：“每个人都在主动接近我，我看到他们真的很亲切，很开心。”老公一家也很欣喜珊珊的变化。

爱默生在散文《自恃》中写道：“每个人在受教育的过程当中，都会有段时间确信：物欲是愚昧的根苗，模仿只会毁了自己；每个人的好坏，都是自身的一部分；纵使宇宙充满了好东西，不努力你什么也得不到；你内在的力量是独一无二的，只有你知道自己能做什么。”朋友们，我们要明白，最精彩的活法就是保持自我。没有了自我，何谈生活？我们每一个人都是独一无二的，我们都有自己的生活需要经营。所以说，做好自己，把控住方向，不要被他人左右，活出最精彩的人生。

坚持自己的想法，才能走别人没走过的路

沿着别人的路走下去，人生会非常平坦，可是也会非常平庸。只有走自己的路，才能走别人没走过的路，也才能见识到崇山峻岭的风景，享受到成功顶峰的美妙滋味。世界上大多数的人都是沿着一条路走，而只有极少数的人能够走自己的路，或者在大多数人走的路上另辟一条小路，最终也迈向了成功。

每个人都有自己与众不同的能力，因此每个人成功的方法也会各不相同，知道自己的优势在哪里，走自己的路，才能走出与众不同的人生。这世上没有两片相同的叶子，也没有两种完全一样的成功方法。对于年轻人来说，也许沿着别人成功的路走下去，你就要摔大跟头，走出一条与众不同的人生路需要勇气，但是如果你跟在大多数人后面，你要摔的跤并不会比走自己的路要少。

我小时候，曾经在大雪天跟妈妈出去，我走在她的后面，总是踩她走过的路，结果那些雪窝窝总是让我摇摇晃晃，我几次差点摔跤。后来我就不按照那些脚印走了，开始在雪地上踩出自己的脚印，因此我总能踏踏实实地在雪上踩上自己的痕迹，而不用担心脚印周围那些沟沟坎坎会绊倒我，从此以后我就明白只有走自己的路才是最平稳的。

每个人的人生轨迹都是不同的，众人走过的路上总是会留

下自己的一些痕迹，留下人生的沟坎，如果你不想被这些沟坎绊倒，就应该走出自己新的道路。鲁迅在文章中曾说过“这个世界上本没有路，走的人多了才变成了路”。别人踩踏过的路固然平坦，却不容易留下自己的足印，所谓的成功者就是那些带领大家一起踩出一条路来的人，而不是那些走别人踩好的路的人。

“股神”巴菲特曾说过这样一句话：“在其他人都投了资的地方去投资，你是不会发财的。”一个人总是沿着别人发迹的道路去寻宝，即使有宝藏也被别人挖空了，怎么会轮得到你呢？很多企业都是了解了自己的“财富增长点”，去走别人没有走过的路，最终才获得巨大的成功的。

美国西南航空公司面对航空业巨大的竞争，并没有与各大航空公司正面交手，而是专门寻找被忽略的国内潜在市场。公司决定主营国内短途业务，遵循“中型城市、非中枢机场”基本原则，在一些公司认为“不经济”的航线上，以“低票价、高密度、高质量”的手段开辟和培养新客源。由于每个航班的平均航程仅为一个半小时，西南航空只提供软饮料和花生米，这样既可以将非常昂贵的配餐服务费用“还之于民”，又能让每架飞机净增7—9个座位。

把飞机当成长途汽车去经营，这一特殊的道路，让西南航空公司从成立之初的3架飞机增至如今的366架飞机，2001年载运国内乘客6440万人次，每天起降航班约2800架次，成为行业巨头。

我们的人生呢？是否也应该去寻找一个别人还没有注意到的、别人忽略的、潜在的“财富增长点”，去走与别人的成功不同的道路呢？

当大多数人在模仿和复制别人的成功模式时，我们是否应该有自己的一套想法？做大多数以外的事，走大多数人没走过的路，我们的人生旅途中才会出现与众不同的风景。每个人的人生为什么与众不同？这是因为我们每个人都走不同的路，所以我们尽管到达的目的地都是一个，可欣赏到的风景却大不相同。

有的人人生轨迹是抛物线状的，有的人人生轨迹是直线状的，有的人则是波形的，每个人都知道直线的人生距离最短，于是大多数人都走了这样一条人生轨迹，结果因为人太多，竞争太大，反而被挤了下来。只有极少数人决定走出自己的轨迹，于是拥有了人生的低谷和高潮，走出了自己的特色，这就是一种成功。

真正成熟的人懂得走自己该走的路，而不被他人的意见所迷惑，不被周围的诱惑所误导，只忠诚于自己的内心感受，忠诚于自己的优势，活出自我特色。这样的人即使他一生中没有任何傲人的成就，也不会在岁月中留下悔恨。

凡事有主见，别人云亦云

可能你经常会产生疑问：“为什么我总是碌碌无为？”但你想过没有，你主宰了自己的大脑了吗？你是否在工作中人云亦云呢？对于未来的职场前景，你有自己的规划吗？可能一到需要选择的时候，你还是会轻易地听了别人的话，顺了别人的心。其实你应该懂得“鞋子合不合适只有自己知道”。别人的意见只能是个参考。如果别人的意见轻易地左右了你的决定，那只能是你的错。不要事事都听别人的，你应该多听听自己的。

明朝张居正有句名言：“天下之事，虑之贵详，谋之贵众，行之贵力，断之贵独。”当断不断，优柔寡断，往往错失良机，贻误全局。切忌“筑舍道旁，无时可成”。

人应该是独立的。独立行走，使人类脱离了动物界而成为万物之灵。我们的成长过程就应该是一个逐渐独立与成熟的过程，也是一个情商不断培养的过程，高情商的人通常都有自己的主见，而不会人云亦云。

伊芙琳·格兰妮生长在苏格兰东北部的一个农场，从8岁时她就开始学习钢琴，并渐渐地显露出了她在这方面的天赋。随着年龄的增长，她对音乐的热情与日俱增，并选择了音乐作为自己一生的追求。但不幸的是，她的听力却在渐渐地下降，医生断定是由于难以康复的神经损伤造成的，而且断定到12岁，她将彻底耳聋。尽管这样，她对音乐的热爱却从未停止过。

父母和老师开始劝阻伊芙琳·格兰妮，希望她不要再浪费时间。但是，伊芙琳·格兰妮坚持自己的选择，她没有停止对音乐的追求。

她的理想是成为打击乐独奏家，虽然当时并没有这么一类音乐家。为了演奏，她学会了用不同的方法“聆听”其他人演奏的音乐。她只穿着长袜演奏，这样她就能通过身体和想象感觉到每个音符的振动，她几乎用她所有的感官来感受着她的整个声音世界。

她决心成为一名音乐家，而不是一名耳聋的音乐家，于是她向伦敦著名的皇家音乐学院提出了申请。因为以前从来没有一个耳聋的学生提出过申请，所以一些老师反对接收她入学。但是她的演奏征服了所有的老师，她顺利地入了学，并在毕业时荣获了学院的最高荣誉奖。当她从这所学校毕业后，真正地成为一名打击乐独奏家。她的音乐传遍了全世界，感染了无数的音乐爱好者。

至今，她作为独奏家已经有十几年的时间了，她很早就认识到，不能仅仅由于医生诊断她会完全变聋而放弃追求，因为医生的诊断并不意味着她的热情和信心不会有结果。

伊芙琳·格兰妮之所以能成功，正是由于她是个有主见的人。正如她自己所说：“最初时我就已经决定，一定要实现自己的音乐梦想，不被任何人的意见所左右。”事实也证明，她成功了。我们生活中的每个人都要有主见，不要被他人的论断束缚脚步。向着自己心灵所指的地方，勇敢地向前走去。

现今社会，在教育方面有一种“温室效应”，即受教育者受到家庭、社会、学校尤其是家庭方面的过分溺爱，从而养成任性固执、追求享受、独立性差、意志薄弱、责任感淡漠等性格。对于他们来说，破除对他人的依赖极为重要。

凡事靠自己，形成独立的性格，才能真正成长成一个顶天立地的人。为此，要培养自己做事有主见的性格。如果你是一个有依赖性的人，那么，从现在起，你必须学会自控，学会独立面对各种生活问题，为此，你需要做到：

1.明白求人不如求己的道理

面对人生的困境，你要懂得，求人不如求己。总想着依靠他人的帮助的人，总想有人能在危难时搀扶你一把，你永远也无法完成任何伟大的事业。只有自主的人，才能傲立于世，才能力压群雄，也才能开拓自己的天地。潜能激励专家魏特利曾说过这样的话：“没有人会带你去钓鱼，要学会自立自主。”

2.不要总是指望他人的帮助

不可否认，人生在世，总要或多或少地依靠来自自身以外的各种帮助，如父母的养育、师长的教诲、朋友的关爱、社会的鼓励……可以说，人从呱呱坠地那一刻起，就已开始接受他人给予的种种帮助。然而，有些人却把自己立身于社会的希望完全寄托在父母和朋友的身上。这样的人，显然不可能在生活上自立自强，在事业上有所作为。有句话说：靠吃别人的饭过日子，就会饿一辈子。

3.不要再随波逐流

我们要有主见，就不能凡事都随大流，碰到挫折便畏缩不前，盲目地听从别人意见，否则就失去了“自我”，失去了个性，成为别人的尾巴，任别人摆布，或者为了满足他人的爱好，而不惜天天戴着精心制作的假面具，违背自己的人格，失去了做人的主体而成为奴隶，这样的人活着有什么意义，有何价值呢?

如果你想在职场做出一番成绩，就必须全面、正确地认识客观事物，通过由表及里、由此及彼、去粗取精的加工过程，抓住事物发展的规律，结合自身的条件，制定符合实际的理想和奋斗目标，在实施中根据客观事物的发展变化修正理想和目标，使人生幸福之路永远长青。

4.要学会独立思考

聪明的人都有独立思考的习惯，他们不会人云亦云，而是会用自己的大脑去思考。如果你貌若天仙，却给人一种没大脑的印象时，你的魅力也会顷刻间荡然无存。

5.有主见并不是固执己见

我们要有主见，不是孤家寡人，不是坚持错误，更不是不听别人的意见。恰好相反，坚持主见就是要虚心地听取并接受正确的意见，有则改之，无则加勉。善于把个人主见讲给别人听，取得别人的认同支持和帮助。从实践中来再到实践中去，不断地升华个人的主见，使个人主见不断地完善和发展。

英国历史学家弗劳德说："一棵树如果要结出果实，必须先在土壤里扎下根。"同样，一个人首先要学会依靠自己、尊重自己、不接受他人的施舍，不等待命运的馈赠。只有在这样的基础上，才可能做出成就。

要有个性，但也不可与人格格不入

现代社会越来越崇尚个性，与几十年前从小学教育开始就塑造统一规格的人不同，现代社会的教育从小学阶段就提倡要发展孩子的独立性和个性，从而培养个性得到充分发展的人才。从心理学的角度而言，每个人都有自己的独特个性，因而每个人也都有截然不同的人生。由于现代新思潮的影响，越来越多的人开始崇尚特立独行，更加注重展示自身的个性。但是在此过程中，也有很多人渐渐偏离了发展个性的初衷，以为特立独行就是要猎奇，要排斥和疏远他人。其实不然。特立独行的目的是展示个性，而并非因此排斥他人，任何人都是社会中的一员，都应该使自己的言行举止符合社会的整体规范，而不能为了表现个性，最终使自己与他人格格不入。

任何生物都要符合自然界的规律，与其他生物融为一体，和谐共生，才能更好地在大自然中生活。人也一样。当我们与环境完全不相融合，变得格格不入时，我们会受到伤害。有些人认为，个性强的人往往很难与他人友好相处，这其实是观念上的误区。现代社会每个人都要与他人分工合作，人际关系也被提升到前所未有的高度，因而我们不管多么有个性，都要处理好人际关系，与他人和谐融洽相处，才能在生活和工作中得到更好的发展和成长。

年轻的时候，富兰克林意气风发，特立独行。有一次，他应邀去拜访一位老者，这位老者把约会的地点定在一座小木屋中。这座小木屋位于丛林深处，非常低矮，看起来毫不起眼。富兰克林很守时地来了，昂首阔步朝着小木屋走去。突然间，他的头被小木屋低矮的屋檐挡住了，他毫无防备地狠狠撞在门框上。这个情况显然出乎富兰克林的预料，他觉得很难堪，心中也不免生气起来。

这时，约富兰克林过来的老者才从小木屋里走出来，看到富兰克林不停地用手摸着疼痛的额头的尴尬样子，老者不由得哈哈大笑起来。他对富兰克林说：“这就是我今天约你来这里的目的。我知道，因为毫无防备，你的头一定被撞得很疼，但正是这样的疼痛，才能给予你深刻的教训，使你进行自我反省。你必须知道，一个人要想对世事洞若观火，就一定要学会适时低头。倘若你整日都昂首挺胸，只看着天，完全看不到脚下的土地，更看不到身边的人，又如何能够做到人情练达呢！”

这是一个关于富兰克林的逸事，虽然这件事情看起来很小，但是却给了富兰克林深刻的启迪。从此之后，他始终牢记着老者说的话，学会了低下头，谦恭地待人处事。如此谦逊的个性，使得富兰克林成为一个受欢迎的人，也彻底改变了富兰克林的人生。正因为如此，富兰克林才能成为美国总统，也才能得到美国人民的爱戴和尊重。

尽管我们都是普通人，但是我们也应该努力塑造自身的个性，让自己变成山间的一道清泉，淙淙流入人心深处，滋润人们的心田。当然，个性的改变和塑造并非是一朝一夕间就能完成的，因为很多时候个性都取决于先天的本性，所以我们必须做好心理准备，进行长期的艰苦卓绝的努力，才能真正成功地塑造自身的个性。我们必须记住，塑造个性、展现特立独行的目的是吸引他人，而不是排斥他人，是帮助我们建立良好的人际关系，而不是使我们与人群变得格格不入。

了解自己的核心竞争力，就找到了捷径

美国大名鼎鼎的管理学家彼得提出了木桶理论，从此让人们意识到，一只木桶能盛多少水，并非取决于木桶中最长的那块板，而是取决于最短的那块板。由此一来，我们也可以说最短的那块板决定了这只木桶的价值。木桶理论往往被运用在组织管理中，在需要很多人合作的团队里，能力最弱的人就是木桶的短板。因而要想提升整个团队的能力和水平，就必须从短板下手，才能做到卓有成效。

现代社会，木桶理论被运用到越来越多的领域和场合。原本只是一个简单的比喻，如今却蕴含着深刻的理论知识和内涵。但是我们需要注意的是，团队中木桶理论是很适用的，但是对于个人而言，难道我们要放弃优点，一味地只去弥补缺点吗？难道缺点得到提升之后，就一定意味着我们的整体水平和能力都上升了吗？对于个人而言，木桶理论并非完全适用。只有在优点和缺点之间出现必然相关的时候，弥补缺点才能提升我们的整体水平，如果优点和缺点互不影响，那么我们更应该优先发展核心竞争力，这样才能让我们在激烈的竞争中脱颖而出，也才能帮助我们获得最强大的核心竞争力。

现代社会，不但生活节奏越来越快，工作上的压力也越来越大。所谓核心竞争力，顾名思义，就是我们能够拿得出手

的能够与他人一较高下的能力。从这个角度来说，核心竞争力必须是我们的优势，这样才能事半功倍，也才能起到预期的效果。假如拿出我们的短处与他人的长处作比较，一定是以惨败作为结束。因而，发展自己的优点作为核心竞争力，是智者所为，也是最好的选择。在优点和缺点并不必然相关的情况下，也就是说缺点并不影响我们优点的发挥时，发展优点，让优点发扬光大，成为我们的杀手锏和必杀技，这才是最重要的。

朋友们，你们知道自己的核心竞争力是什么吗？要想在人才济济的公司里脱颖而出，要想给上司或者领导留下深刻的印象，得到他们的认可和赏识，具备核心竞争力是最快捷有效的方法，也是聪明人一定会选择的捷径。

大学毕业后，小凡经过面试，得到机会进入这家公司工作。当时，和小凡一起进入公司的应届大学毕业生还有9个，加上小凡总计10个人。进入公司没多久，小凡就无意间得知等到3个月的试用期一到，公司只会留下最优秀的3个人，其他人只能结束试用走人。谁也不想再次重复找工作的艰难历程，因而小凡加倍努力，想从10个人中脱颖而出。在经过一个月的努力后，小凡发现自己并没有引起主管的注意。他思来想去，决定改变思路，重新制定获胜的策略。

小凡发现，自己在这10个人中除了勤奋之外，并没有独特之处。偏偏其他人也很勤奋，这让小凡无计可施。一个偶然的机会，小凡和大学里的一个师哥说起此事，师哥马上点拨小凡："你应该发挥自己的特长啊，这样才能表现出你的不可取代。否则，勤奋也好，大学学历也好，你有的别人也都有，主管又怎么会对你刮目相看呢！"师哥一语惊醒梦中人，小凡经过慎重思考，意识到自己的特长就是能说会写。因而，当主管唠叨着还有个年终报告没有写好时，小凡毛遂自荐："主管，您把相关数据和文件给我，我来帮您写吧！"主管狐疑地看着小凡，似乎不相信小凡这个毛头小伙子能够承担起这么艰巨的任务。但是看到小凡坚定不移的目光，主管也的确没有时间完成报告，因而抱着试试看的心态把相关资料给了小凡。小凡似乎看透了主管的担心，说："放心吧，主管，我会尽快给您，这样万一您觉得不合适，也可以及时完善和更改。"听到小凡这句体贴入微的话，主管才露出了笑容。

一天之后，小凡把自己连夜写好的年终报告交给了主管，看着洋洋洒洒的五千字，主管简直不敢相信这是小凡在一天的时间里写好的。当看到报告内容翔实、条分缕析，主管不由得拍案叫好。就这样，以后遇到需要动笔头的事情，主管第一时间就想到小凡。自然，小凡在3个月试用期满之后顺利留了下来，后来主管还把小凡提升为自己的助理。

在这个事例中，小凡之所以能从10个新进职员中脱颖而出，就是因为他充分展示了自己的特长，这也让主管意识到小凡是不可或缺的，更是不可替代的。由此一来，小凡自然能够如愿以偿地留在公司，还因此被提升为主管的助理，可谓意外的惊喜。

现代社会人才济济，大学生也不再像几十年前那样稀缺，因而每个人从走出大学校园开始，很有可能就要面临失业。所谓物竞天择，适者生存，每个人要想在这个社会上站稳脚跟，就必须尊重竞争的本质，也要过五关斩六将，符合竞争的规律。凡事都是有利有弊的，竞争也像是一把双刃剑，既会淘汰人才，也能够激励人才，让人在残酷的竞争中不断进取，提升和完善自我，从而出类拔萃。归根结底，我们要想在诸多人才中崭露头角，就必须把自己的优点发扬光大，使其成为我们的核心竞争力，这样才能让我们如愿以偿地达成所愿，获得成功。

第10章 永远坚信梦想的力量，有信念的人不迷茫

成功者告诉我们，一个人要想傲然屹立于世，就一定要树立坚定的信念：依靠自己的力量获得成功。的确，只有我们自己才是命运的主宰，外界的力量和影响即使再强大，也无法超越我们内心的力量。从这个角度而言，假如我们想要获得成功的人生，就应该靠自己的力量改变命运。不管我们的处境多么艰难坎坷，我们都应该坚定不移地依靠自己的力量，始终心怀希望，向着美好的未来不懈奔跑。最终能够依靠自己趟过苦难的我们，也必然拥有更加强大的内心和更加坚定的信念，从而使我们的人生拥有比他人更多的灿烂辉煌。

尘世繁华，更要坚定信念

尘世繁华，生活在这个繁华的尘世当中，我们难免会被一些俗事杂念影响自己的思想和观念，难免会感到迷茫。现在这个时代，是一个各种价值观念充斥耳边的时代，是各种思想并存的时代。面对这一切，我们极容易对自己从小树立起来的价值观感到动摇，极容易感到茫然无措，这一切并不是年轻惹的祸，也不是年龄可以解决的问题，一个人是否清醒取决于他的信念和意志，取决于他是否有主见。面对这个浮华的尘世，有自己的主见，不人云亦云，不盲目攀比，才能够更成熟，更容易成功。

很多人往往被短期的利益蒙蔽了自己的视线，做出一些错误的，对我们的人生有伤害和损失的判断来。只有坚定的信念才能让人避免短期利益的诱惑，从而看得更远、更清晰。这个世界上总有这样那样的诱惑，而又总有各种荒谬的、不堪一击的理由来支撑着那些丑陋的诱惑，使它外表上变得无懈可击。事实上，难道我们真不知道它是错误的吗？难道不知道这些会造成严重的后果吗？可是我们更相信侥幸。

例如贪污受贿，再如前些年甚嚣尘上的一些传销活动，人们一开始可能真受了蒙蔽，那是因为唾手可得的短期利益蒙蔽了我们的眼睛；也可能对自己的某些行动真的觉得不对，可是在“金钱至上论”“只要你成功了，谁管你的钱是怎么来的”等言论的狂轰滥炸下，人们觉得那可能就是真的，觉得可以侥幸。面对让人眼花缭乱的各种诱惑，没有坚定的信念是不行的。

我有学问、有学历、有能力，为什么要做那些无聊的事，而不凭着真本事闯一番自己的事业？但同时我们也有着自己的迷惑，为什么别人年纪轻轻就自己创业，而我却不可以，却要忍受上司的脾气和别人的嘲笑？为什么他可以拥有那么好的职位，我却得在这个破公司窝着？为什么别人可以买房买车，我却必须忍受处处受限的生活？为什么别人不过每天盯盯盘，就可以潇洒度假，我却要拼死拼活地做工？为什么别人凭着一副谄媚的小人嘴脸就可以升职，我却要受这种窝囊气？

人和人是不一样的，你在羡慕他的同时，别人也在羡慕你。你只了解自己受的那些气，只觉得自己委屈，可却没尝过别人担惊受怕或者背后挨骂的滋味。每个人都有两面，有的人表面看起来风光无限，可是背后也许正在流泪；有的人表面看上去含辛茹苦，却乐在其中；如果你只看到事物表面的东西，就对那些繁华的表面动心了，就羡慕嫉妒了，那你遭到的痛苦就会非常大。

不要迷失自己，不管你对这个世界有多么的不确定，至少有一件事是确定的：你付出多少就会收获多少；只要你做的事是人们所承认的，对于人们有正面的价值，你就会受到人们的尊重，只要你有足够的坚持，最终就能收获成功。不管社会上信奉怎样的价值观，不管那些价值观看起来有多诱人，年轻人都应该有自己的思想、自己的主见。

一个人凭什么和另一个人不同？凭的是他们的思想，对于各种事情有自己的主见，有自己的一套见解。不同的观念就是一个人胜出的关键，股市上为什么大多数人都在砸钱，而只有少数人能够一夜暴富？因为大多数人都在跟风，都在听专家的话，对于自己选的股票没有自己的见解，而只有少数的人会有自己的见解，对于股票的价值心中有自己的衡量，属于“有谱”一族，所以他们不管操盘手怎样操作，盯到的就是公司整体价值的提升，他们自然会“稳赢”。

对于任何事，都要有自己的主见，大多数人往往是不成熟的。容易模仿，也容易受到周围人的影响，爱攀比，爱炫耀，爱追逐一些奇怪的时尚；性格不定，价值观也极容易改变，这些都是幼稚的表现。我们要根据自己的特质，跟优秀的人在一起，读引导性的正面积极的书籍，不断坚定自己的信念，这些都可以免除因为青涩幼稚而犯下荒唐的错误，可以避免迷失自己。

有自己的主见，有自己的追求，不轻易被迷惑，不摇摆不定，是一个成熟人最大的优点，保持头脑清醒，坚持自己的信念，可以让你更快走向成熟。

找到人生的拐点，就能走上一条上升的道路

我们总会有很多改变自己命运的机会，也许是一次不经意的交谈，也许是一次进修，也许是一次研究生考试，也许是自己一个微不足道的想法，总之，有那么一个偶然，也许命运的轨迹就会向着完全不同的方向滑去。很多人都管这些叫作命运，我认为除了偶然的因素之外，人们根本的命运在于自己的努力。机遇会在每个人面前出现，然而只有勇气与眼光俱备、才华与能力都积累到一定程度的人才能够抓住它。

也许我们处在事业的起点，但要积极地寻找人生的拐点。人生就像一座迷宫，找到属于你的那个拐点你才可能走出迷茫，到达生命中的成熟境界。

很多时候，人们总是在众多的拐点处迷失自己，以为前面有一条笔直的大道等着自己，实际上这条路没有多长，还是个死胡同。不过要相信自己以前走过的那些并不是冤枉路，如果你没有试验过那些路能不能走通，怎么知道哪一条才是属于自

己的路呢？人生最可悲的是在重复的道路之间绕来绕去，以为自己走过了很长的路，其实不过是在原地绕圈子。

大多数人都在人生的迷宫中兜兜转转，到生命的终点都没有弄明白自己到底迷失在了哪里，自己到底错过了什么。寻找自己人生的拐点，并不是一件简单的事，它需要足够的勇气和经验，需要高明的眼光和果断的判断力，需要果断地拒绝一些不适合自己的诱惑。当人们选择了一些东西的时候，就拒绝了一些看起来同样美好的东西，也许会因此而惋惜，却不用后悔。

哪些才是我们命运的拐点？机会时时处处都会出现，但显然有一些并不属于我们。就像在迷宫里，处处都会出现拐点，可那些并不都通向出口。当我们和众人挤破了头，抢到了一个机会时，也许会突然发现，那不是命运的拐点，也许只是一个陷阱。记得一个朋友毕业以后，和三个同龄人一起进入一家日企，因为要淘汰两个竞争对手，于是平时懒散的他破天荒努力起来，当然，最终他胜出了，可就在同时，他陷入两难境地：一是他的性格与企业文化格格不入，他总是要非常谨慎，高度紧张，才能不犯错误，而几乎每天的工作时间都变成了一种灾难；二是那份好不容易争取来的工作，其实对于他就像块鸡肋，待遇还可以，但发展前景并不好。退出吧，觉得是自己好不容易才争取来的，继续吧，实在没有多大价值。

很多时候，年轻人常常因为一时的冲动，或者因为有竞争，才觉得某个位置无限美好，事实上仔细观察清楚，它并不是那么诱人。有一个小故事：一位老农把喂牛的草料铲到一间小茅屋的屋檐上，看到的人不免感到奇怪，于是就问他“为什么不把草放在地上让牛吃”，老农说：“这种草草质不好，我要是放在地上牛就不屑一顾；但是我放到让它勉强能够得着的屋檐上，它就会努力去吃，直到把全部草料吃个精光。”不可否认，很多时候，我们就像那些牛，总觉得自己努力争取到的才是最好的，其实它可能是最差劲的。

很多时候，面对外界那么多的诱惑，要学会分辨，哪些才是适合自己的人生机遇，哪些不过是经过伪装的陷阱。要知道，在这个宣传大于一切的社会，任何表面风光无限的东西，都可能是炒出来的，其原料也许是一堆垃圾。

年轻人处在事业的起点，连做梦都会渴望一个好机遇突然降临在自己身边，但是当你突然遇到这样的机会的时候，希望你睁大眼睛，看清楚那是一个肥差，还是一块肋骨，不要盲目地争取。但是，当遇到真正适合你的人生机遇的时候，也希望你果断地抓住它。抓住机遇其实很简单，当你的努力到了一定程度的时候，自然就有适合你的机会降临在你身边，在这之前，你只要具备足够的能力就好了。当然，展示自己的能力，让关键人看到你的才华也是积极创造机遇的方式之一，但我希望年轻人不要忘记，你最重要的任务是做好自己应该做的事。

其实很多事例都会告诉人们抓住机遇，但很多人都会忘了在这同时躲避诱惑和陷阱。很多人都在观察四周，东张西望中错过了适合自己的机会，如果一个人整天忙着寻找机遇的话，常常会忘了自己的正事。所以我同时希望你不要逢弯就拐，找到真正属于自己的命运的拐点，再试图转弯，最终才能让自己的命运走上一条上升的道路。

不够精通别担心，只要你有想法

只要一个人有眼光、有想法，一切问题都不再是问题，资金可以采取银行贷款，专家当然也可以聘请，甚至和有专业素质的人合作。阿里巴巴的马云有这样一句经典的语录："我为什么能活下来？第一是由于我没有钱，第二是我对Internet一点不懂，第三是我想得像傻瓜一样。"

一个人不可能在每个行业都非常精通，可是一个公司要经营下去要用到很多专业，最起码的财务专业一定会用到，你从事的领域的专业知识一定会用到，你不可能同时精通这些东西，怎么办？当然要请人替你打理。如果这样讲的话，每个人都可以创业，都可能成功，其实并非是这样，成功属于那些有头脑、有想法的人，一个想法可以价值百万。

怎样的想法才可能帮助你取得成功呢？就是寻找大家都需要的东西，然后让专业人员帮你打造这种东西，实实在在地创造价值，这样的想法就能够帮你取得成功。生活中我们永远有感觉麻烦、不方便的地方，永远都会有需求，找到这种需求，并找到解决的办法，就是一个人的创意，就是成功的基础。

一个人一定要每天坚持思考，一定要真正弄懂自己想要做什么，在你没有弄明白之前，你一定要积极寻找一种途径，怎样才可以利用自己所有的东西来建立一种系统，这个系统可以帮你带来源源不断的财富。这就是想法，只有有某种想法，并坚持为自己的想法而奋斗，不断为人们提供便利，最终你才可能成功。

霍英东在做房地产以前，从来没有涉足过这个行业，他一直是从事海上航运业务的，可在那时，他就预料到香港航运事业的繁荣必将带来金融贸易的发展，而又促进房地产的开发。于是他抢先把经营重点转向了房地产开发。开始，他也和别人一样，自己花钱买旧楼，拆了后建成新楼出售。可是由于资金少，发展比较慢。后来，他想出了自己的办法，采取房产预售的方法，利用购房者的定金来盖新房！这就是所谓的“卖楼花”，这一创举使霍英东的房地产生意大大兴隆起来，一举打破了香港房地产生意的最高纪录。

他从来就不是房地产方面的大鳄，但是因为他有想法、有眼光，创造了“卖楼花”这种崭新的方式，使他的资金周转一下子快了很多，最终这一想法成就了霍英东。我们也要有自己的想法，旧的行业可以有新的发展模式，新行业更是如雨后春笋般层出不穷，我们面对如此多的创意，一定要有自己独特的眼光和思维方式。

只要你想成功，就要不断地为自己寻找道路，寻找方法。想法怎样来？就是不断想着自己怎样才能成功，事事留心，处处观察，这样自然能够找到一条道路。有想法就要做下去，这就是成功的秘诀，专业让你对某个领域更精专，也许能够帮助你更快得到发展，但它却并不是成功唯一的出路。

成功需要专业人员的帮助，但并不是所有的专业人员都能够成功，专业是技术，但是仅依靠技术却绝不足以获得成功，获得财富。现在很多加盟企业，都是把自己的技术专利转让给其他人，让其他更多人用他们手中的钱帮你赚钱。所以，只要你有好的想法、好的创意，不仅仅可以让专业人员帮助你，还可以借助别人的专业技术。

关键是你能够创造一个好的盈利模式，有好的想法，有创造性的思维，敢想敢做，才可能成功。很多人都觉得任何事情自己解决了才能够显示出自己的智慧，因此，不惜花费更多的精力、浪费更多的时间来钻研自己丝毫不熟悉的领域，这样的人就算自己再聪明，也不可能有更大的成就。

你应该把思想集中到那些可以为你带来收益、带来财富、带来成功的地方，如果你是一个点子特别多的人，就应该整合自己的想法和别人的专业技术，别人拥有的资源加上自己的创意，计划就可能成功。

永远不要为自己没有的懊恼，要为自己拥有的东西想出路，想方法，这样就算你本身有一样本领，你就可以出人头地。

昨天的“疯子”，今天的成功者

假如有一天，当别人惊异地对着你叫道：“你是不是疯了？”那么恭喜你，你或许离成功就不远了。

古往今来，有多少曾被人们视作疯子的人最后做出了大成就：当孙中山对着被封建制度奴役了两千多年的中国喊出“推翻帝制、建立共和”时，大家都认为他是疯子，皇帝是至高无上的天子，怎么可以被打倒呢？但就是在这个疯狂的人的领导下，中国真的实现了“起共和而终帝制”。当布鲁诺因为支持哥白尼的日心说，并发展宇宙无限说时，人们也认为他是一个疯子，甚至将他烧死在罗马的鲜花广场上。但后人通过事实终于证明，他临刑前所呼喊的是事实：“火，不能征服我，未来的世界会了解我，会知道我的价值。”被称为“计算机狂人”的乔布斯也是常人眼中的一个“疯子”，因为他喜欢打破常规，超越现实，不按规则出牌，当他说出“将昂贵稀有的电子产品平民化”时，不知有多少人嘲笑他痴心妄想、异想天开，但最后他终于做到了，麦金塔计算机、iPod、iTunes、iPad、iPhone等数字产品风靡全球，深刻地改变了现代通信、娱乐乃至生活的方式。

这样的例子数不胜数，在大多数人的眼里，这些人都与疯子无异，然而正是他们的这一股子“疯”劲儿才引导他们走上了成功的道路。这世上无数伟大的奇迹都是那些被称为“疯子”的人创造的，而他们之所以能够获得成功，就在于他们有着旁人看来像“疯子”一样的毅力和勇气。

在中国，俞敏洪的名字可谓家喻户晓，而他的经历也被人所津津乐道。

或许从一开始，俞敏洪的骨子里就有一股子“疯劲”，他先后参加了两次高考，但是都名落孙山，原因都是英语不过关。第三次高考时，两个小时的英语试卷，他只用了40分钟就交卷了。当时他的英语老师勃然大怒，甩了他一个耳光，但他却说自己确实只需要40分钟。结果出来了，俞敏洪的英语考了95分，被北大录取。这短短的一年时间，若没有这股“疯劲”，俞敏洪又怎么可能实现这样的蜕变？

凭借着出色的英语成绩，俞敏洪一入校就被分在A班，但是一个月后又被分配到了C班——“语音语调及听力障碍班”，甚至英语老师都当众说他讲英语只有“俞敏洪”三个字能被别人听懂。俞敏洪的疯劲儿又上来了，他一天背诵十几个小时的英语，最后大学毕业时，被北大英语系聘用留校任教。

北大任教4年后，俞敏洪分到了一套10平方米的房子。正当他意气风发，准备大干一场时，却因为在外创办培训班而受到了处分。俞敏洪没有像一般人那样受到处分后夹起尾巴做人，反而高调辞职，在寒风怒号的冬夜，骑着自行车，将手写的招生广告贴遍了北京的大街小巷。大家都说他这一次肯定是疯了，放着北大的教授不做，去梦想成立什么“中国最大的民营教育公司”。但事实证明，俞敏洪的疯劲再一次将他推上了成功的大舞台：他所成立的新东方教育学校已经成为不折不扣的中国最大的民营教育机构，而他自己也被称为“中国最富有的老师”，被评为最具升值潜力的十大企业新星之一，以及20世纪影响中国的25位企业家之一。

俞敏洪创造了中国教育的神话，很多人称他为“留学教父”“教师首富”，但是万通董事局主席冯仑却称他为“三流文人+痞子精神”。对于这个“痞子精神”，冯仑的描述是:“其实我更喜欢用疯长的野草来形容，我喜欢那种状态，如野草般强韧，疯狂地成长，恣意地蔓延，霸气地扩张，好不快慰！”而俞敏洪身上所具有的这股子“疯劲”则正是他成功的最关键的要素。

其实所谓的“疯子”，不过是比常人更多了一份对事业的执着和追求，他们的激情和生命力在无所顾忌地喷薄之后，总能获得绝地逢生的勇气和超乎常人的意志力。正是有了这份勇气和意志力，所以他们才能无所畏惧、不瞻前顾后，一个劲地向着自己的目标冲、冲、冲！这就是别人眼里的疯子，实际上是对目标的心无旁骛、追求极致。有了这样极端的热诚和专注，就有了常人难以企及的爆发力和战斗力，对自己所热爱的事业百折不挠、执迷不悔。只要坚持下去，这股子“疯劲”就一定能够带你走上成功的巅峰！

第11章 心中充满阳光，敞开胸怀接纳新生活

哲人说："快乐没有父亲，没有一个快乐曾经向前一个学习，它死去，没有继嗣。而悲哀却有悠久的传统，从眼传到眼，从心传到心。"在人生的旅途中，假如遇到了令自己悲哀难过的事情，那么，停下来，抬头看看阳光，让阳光照进你的心田，在阳光中微笑是你最美的姿态。

心向阳光，你就能看到光亮

亚伯拉罕·林肯在一次竞选参议员失败后这样说道：“此路艰辛而泥泞，我一只脚滑了一下，另一只脚也因而站不稳；但我缓口气，告诉自己‘这不过是滑一跤，并不是死去而爬不起来’。”在生活中，无论我们置身多么糟糕的环境，只要我们的心境还算是平静，那所有的情况都不算糟糕。没有不好的环境，只有不静的心境。有时候，阻碍我们前进的并不是外在的不好的环境，而是我们内心不安定的心境。虽然外在的境遇是我们所不能改变的，但心境却是可以改变的。改变了心境，就相当于改变了环境，所谓“境由心生”，我们心境怎么样，环境就会变得怎么样，因为我们可以改变心境，让心境与环境合拍，从而改变不好的环境。

一位将军去沙漠参加军事演习，妻子塞尔玛需要随军驻扎在陆军基地里。沙漠干燥高热的气候令塞尔玛感到很难受，而身边又没有可以倾诉的人，孤独的塞尔玛经常给父亲写信，在信中透露出自己想回家的强烈愿望。然而，父亲的回信只有短短的两行字：“两个人从牢中的铁窗望出去，一个看到泥土，一个却看到了星星。”父亲的回信令塞尔玛十分惭愧，她决定要在沙漠里寻找星星。

从此以后，塞尔玛开始与当地人交朋友，彼此之间互相赠送礼品，闲来无事，她开始研究沙漠里的仙人掌、海螺壳。慢慢地，她迷上了这里，通过亲身的经历，她写了一本书《快乐的城堡》。

沙漠并没有改变，当地的居民也没有改变，那到底是什么使塞尔玛的生活发生了巨大的变化呢？心境，当然是心境，以前内心烦闷的塞尔玛看到的只是泥土，当心境发生变化之后，乐观的塞尔玛在沙漠里竟然寻找到了星星。

小娜是报社的一名记者，最近她接到了一份特殊的采访任务。当她拿到被采访者的资料时，她不禁有些难过，这是一个怎样的女人：丈夫早些年得了重病去世了，欠下了大笔的债务，家里有两个孩子，还有一个带有残疾，女人只是在一家小型的工厂里当一名女工，微薄的薪水养着整个家，还需要还债。小娜一下午都在想：她家里不知道是什么样子？女人和孩子都蓬头垢面，满脸悲苦，又黑又潮的小屋里没有一点鲜活的色彩，自己去了，也许只会不断地听到哭诉。

那个周末，小娜满怀同情，按着地址找到那个女人居住的地方。她站在门口，有些不敢相信自己的眼睛，她甚至怀疑自己找错了地方，于是又向女主人核实了一遍。确认无误之后，她重新打量这个家：整个屋子干干净净，有用纸做的漂亮门帘，墙上还贴着孩子上学获得的奖状，灶台上只放着油盐两种调味品，但罐子却擦得干干净净，女人脸上的笑容就像她的房间一样明朗。小娜坐在用报纸垫上的凳子上，热情的女人为她拿来了拖鞋，小娜看见那鞋居然是用旧的解放鞋的鞋底做的，再用旧毛线织出带有美丽图案的鞋帮。

小娜不禁有些好奇她是怎么把这个家打理得这样舒适的。女工一边干着活，一边微笑着说："家里的冰箱、洗衣机都是隔壁邻居淘汰下来送给我的，其实用得也蛮好的；工厂里的老板、同事也都很照顾自己，还会让自己把饭菜带回来给孩子吃；孩子们也很懂事，做完了一天的功课还会帮忙干家务活……"

小娜听着听着，眼睛有些湿润了，叹息道："虽然你所面临的环境是糟糕的，但是，你的心境却是阳光的。"小娜并不是同情，而是一种赞叹，赞叹女人的坚强，更赞叹女人的乐观。

故事中，女工所处的环境是相当糟糕的，如果换了别人，估计早已经活不下去了。但拥有阳光心境的女工却坚持下来，不仅努力地活着，而且还用自己微薄的薪水创造了一个干净而温馨的家，这确实值得我们赞叹。乐观的女工竟然面对如此境遇还能坚强地生活下去，那我们呢？

1.改变不了现实就改变心境

在生活中，一些不好的境遇往往会如期而至，不管我们接受不接受。对于我们自身而言，既然那些不好的环境是无法改变的，为什么不尝试着改变自己的心境呢？当你的心境变得阳光时，你所看见的一切都是美好的，你就不会再抱怨环境是多么糟糕，似乎它比你想象中还要好得多。没有不好的环境，只有不静的心境，当你的心境变得平静，自然就不会为那些不好的环境而斗气了。

2.乐观面对，一切都将是那么美好

在这个世界上，根本没有不好的环境，有的只是苦闷的心境。当你感到苦闷或烦躁的时候，不妨想想，你所认为的不好环境是否在于自己拥有了一份糟糕的心境呢？如果答案是肯定的，那就尝试着改变心境，放弃苦闷的心境。以乐观的心境面对，你会发现，之前所认为的不好环境并没有想象中那么糟糕。

一个人若是拥有了不安定的心境，即便他处于多么顺利的环境之中，也会感到异常苦闷；反之，一个人若是拥有了热情、乐观的心境，那不管他处于什么样恶劣的环境，他依然可以过得快乐幸福。

你总会失去什么，何必偏执呢

生活中，我们不要再为自己曾经失去的而较真，学会放手，说不定你能获得整个世界。既然我们降生在这个世界，又何必计较命运的不公和生活的失落呢？为什么要因为秋天的零落，而怨恨春天的美丽呢？君不见在大地雪封冻结的冬天，那大树上微露着青色的绿芽吗？有时候，生活就像是一杯蔚蓝色的酒，酒杯里盛满的就是人生的酸甜苦辣，我们不应该沉醉自己，而是努力将自己的人生变得洒脱充实。现实生活中，我们需要正确看待得失，我们应该相信，现在我们所拥有的，不管是顺境、逆境，都是对我们最好的安排。假如可以这样，我们才能在顺境中感恩，在逆境中依旧心存快乐。对于那些失去的东西，不要为此感到郁郁寡欢，人生总会失去什么，也会得到什么，得失是一种规律，别再纠结失去的，别较真，放手吧，这样我们就可以获得整个世界。

人们总是习惯于得到而害怕失去，虽然有得必有失的道理是人人皆知的，但人们认为失去了太可惜可叹，每当自己失去了某些东西，总要难受一阵子，甚至是痛苦。月亮也会有圆缺，但依然皎洁，人生即使有缺憾，依然很美丽。曾国藩说："道微俗薄，举世方尚中庸之说。闻激烈之行，则訾其过中，或以罔济尼之，其果不济，则大快奸者之口。夫忠臣孝子，岂必一一求有济哉？势穷计迫，义无返顾，效死而已矣！其济，天也；不济，吾心无憾焉耳。"倘把成功与失败都归结于天命，当然免不了唯心，但若对于自己所失去的，总以平常心对待，这就是一种坦荡的心态。很多时候，只要自己努力过，得到与失去都没什么重要了，也没有什么怨恨了。

战国时期，长城边上有个养马的老头，大家都叫他塞翁。有一天，他的一匹马丢了，面对邻居们的劝慰，塞翁笑着说：“丢了一匹马损失不大，没准会带来什么福气呢。”果然，没过几天，丢失的马不仅自己返回家，还带回了一匹匈奴的骏马。

就在邻居们都为塞翁的马失而复得高兴的时候，塞翁却忧虑地说：“白白得了一匹好马，不一定是什么福气，也许惹出什么麻烦来。”果然，塞翁喜欢骑马的独生子发现带来的马神骏无比，骑马出游，高兴得有些过火，打马飞奔，一个趔趄，从马背上跌下来，摔断了腿。面对邻居们的再一次安慰，塞翁说：“没什么，腿摔断了却保住了性命，或许是福气呢。”邻居们觉得他又在胡言乱语，他们想不出，摔断了腿还会带来什么福气。不久，匈奴大举入侵，青年人被应征入伍，赛翁的儿子因为摔断了腿，不能去当兵。后来，他们得到消息，去打仗的青年全部牺牲了，因此，塞翁的儿子躲过了一劫。

塞翁失马，焉知非福。有时候，你以为你失去了，实际上你却得到了最好的东西，人生就是这样。当你为失去而处处较真的时候，你所失去的不仅仅是一份美好的心情，还有可能影响整个事态的发展。相反，如果对于所失去的，你能完全地放下，那么你将获得一份轻松无比的心情。

1.为失去而较真，无疑自寻烦恼

我们总是生活在得失之间，当一个人处心积虑得到什么的时候，同时也无可奈何地失去了什么。因为鱼和熊掌是不可兼得的，我们所需要的就是这种“得不是喜，失不是忧”的情怀，如果我们能明白生命的可贵，那就会明白人生最美的是奋斗的过程，为失去而较真，只不过是自寻烦恼。

2.不为失去而烦恼，抓住眼前的一切

泰戈尔曾说：“曾错过太阳，但我不哭泣，因为那样我将错过星星和月亮。失去了太阳，可以欣赏满天的繁星；失去了绿色，得到了丰硕的金秋；失去了青春岁月，我们走进了成熟的人生。”失去的不能再得到，过去的不能再回来，不如趁机会抓住眼前的一切，珍惜现在所拥有的，说不定我们能收获整个世界。

为人处世，尤其是这样，假如太计较失去的，自己也就没办法认真地做以后的事情。那些患得患失的人总是将得失放在首位，人活一世，即便得到的东西再多，死的时候也带不进坟墓，这又何必呢？如果失去了，那就学会放手，不要偏执，不要纠结，这样我们才能保持轻松的心情。

如果希望走出自我，那不妨从改变开始

在这个世界上，并没有一成不变的事情，世界无时无刻都在发生着巨大的变化。而且，改变将会引起人们内心的恐惧，事实上，几乎所有的改变都会导致恐惧，不管是好的改变，还是坏的改变，都会唤起心里的恐惧。比如想结婚，但他马上会陷入恐慌，如果爱情无法天长地久怎么办？如果自己选错了伴侣怎么办？想换一份新的工作，但他马上会惶恐不安，如果自己不能胜任新工作怎么办？如果公司没办法兑现求职时的承诺怎么办？甚至，想改变自己的发型，他也会担忧不已，万一新发型看起来很糟糕怎么办？如果自己因此而变得不漂亮怎么办？似乎这是听起来很可笑的事情，但事实就是如此：改变常常令我们感到局促不安。

王太太结婚那年，嫁给了一个地产大户，因为家里相中了对方家里的财势。第一次去他家，她看着旋转的大厅，以及宽阔的大花园，心里觉得没什么好拒绝的。于是，婚事就这样答应了下来。

结婚后，王太太过着衣食无忧的阔太太生活，老公整天忙着工作，她无聊就约上几个朋友打麻将，或者飞到香港去购物。她常常会想：如果失去了这样的生活，自己该怎么办？当然，王太太的担心并不是毫无理由的，最近，楼市跌得厉害，

许多房产大户都成了穷人。就好比经常与自己一起打麻将的张太太，去年房市低迷，他们硬是没熬过来，现在一家人挤在几十平方米的出租房里。每次打电话，张太太就哭："这日子是没法过了。"

没想到，过了不久，这样的担忧成了事实。王先生投资失败，不仅血本无归，而且还欠了几十万的债。王太太还没来得及看一眼大花园，就坐着一辆破旧的面包车走了。搬家后，他们租了房子，王先生的家人凑了钱还了债，王先生和太太都开始了工作。

上班、煮饭、洗衣服、一个人带孩子，这些事情，王太太连想都没想就做了。而且，她发现自己的老公除了会赚钱以外，还会炒菜、煮饭，还会逗孩子开心。以前他太忙，两个人几乎没好好地在一起生活，现在这样的日子挺好的。王太太想起以前总害怕改变自己的生活，但是，真的变了，她却发现没什么不好，失去了物质上的富足，却找回了久违的家的温暖。

上帝在关上一扇门的同时，会为你打开另一扇门。当人们过着熟悉的生活的时候，总是害怕会被改变，但是，许多灾难、横祸是无法阻挡的，唯有改变的是心态，以及心里的胆怯。不要去在乎自己失去了什么，哪怕是工作、房子、信用卡，无论生活发生了怎么样的巨变，我们都可以从头开始自己的人生，甚至会重新登上新的高度。

惠普中国区首席财政官韩颖说：“好的设想常常被扼杀在摇篮里，但这绝对不是你变得平庸的真正原因，永远不要害怕改变，改变里就有契机。”

当年，韩颖离开了自己工作9年的海洋石油公司，正式加入惠普公司，在财务部工作。那年，她34岁，面对周围朋友的异议，她说：“人生什么时候改变都不会晚。”

在20世纪80年代末期，惠普公司的员工还没有工资卡，每次发工资都是手工完成。300多人的工资，又没有百元大钞，韩颖必须得一一核实，经常数钱数得头都晕了。无意中经过公司附近的一家银行，韩颖灵光一现，为什么不给员工开户，让员工凭着折子领取工资呢。

说做就做，她兴奋地告诉大家以后领工资不用去排队等候了，直接拿着折子就可以去银行领取了。但是，事情并不顺利，先是员工的抵触情绪，然后，上级领导又把韩颖批评了一顿。回到财务部，韩颖努力忍住自己的眼泪，难道自己真的错了吗？

正在这时，公司的上层领导听说了这事，肯定地赞扬了她：“你改写了公司手工发工资的历史，这种勇气和创新精神非常值得嘉奖！”

改变，它本身带着一种破坏性，意味着将破坏以前固有的东西，而重新去接纳一种新的东西。几乎所有的改变都具有破坏性，即使是好的改变。但是，在生活中，许多事情都是需要改变的，那是不容拒绝的。

1.改变是走出内心世界的开始

如果总习惯住在同一个地方，去同一个餐馆吃饭，穿一种风格的衣服，这并非是我们太过专情，而是我们害怕去改变。我们已经习惯了这样的生活，一丁点的改变都会让自己内心胆怯。其实，对于这样的生活，不妨改变一下。

2.总要走一走陌生的街

熟悉的街道即便再有深情，但日子一久，习惯会让心态变得麻木、懒惰，让人无法寻找到久违的激情。这时可选择走一走陌生的街道，感受一切新鲜东西带来的新奇感，打开心扉，来享受这个世界吧。

或许，心理就是这样矛盾，不变让人厌烦至极，而改变却让人局促不安。通常情况下，那些熟悉的、不变的事情总会让自己感到心安。有人说："生命开始于舒适地带的尽头。"无论改变本身带给我们怎么样的不安心理，但是，必须记住：生活中的改变只是一个开始，而并不是一个结束。不要害怕改变，因为人生的乐趣就是接纳新的生活。

休息，能让你的心灵吐故纳新

现代生活节奏的加快，工作压力的增大，让很多现代人已经失去了休息的机会。他们日复一日地忙碌，每天都为了功名利禄而奔波，渐渐地忘记了人生的本源和最初的目的。可以说，越是懵懂无知的孩童越清楚生命的意义，那就是得到快乐和幸福。正因为如此，蒙特梭利才说儿童是成人的父。然而，随着年岁渐长，孩子们逐渐长大成人，沾染了更多的世俗庸碌。在忙忙碌碌中，他们已然忘记了最初的目的，他们的心灵被欲望填满，每个人都想要追求更加丰厚优越的物质生活，也迫不及待地想要获得成功。如果人生的大河就这样奔腾不息地朝前急速流去，则我们永远也不可能欣赏沿岸的风景。相反，我们会越来越被时间的洪流裹挟着朝前走，甚至连喘息的机会都没有。这样的人生，显然已经奔忙得失去了最初的意义。

人活着，到底是为了什么？大多数人在这个问题前感到困惑，更多的人已经意识不到这个问题的困惑，不得不说是莫大的悲哀。其实，不管生活多么忙碌，也不管工作的节奏多么快，我们都应该学会合理地休息。如果任由心灵像荒原一样继续荒芜下去，那么对于人生而言将会是莫大的悲哀。也许很多人都觉得在这个时间就是金钱、时间就意味着千载难逢的机会的当下，休息是对生命的莫大浪费。那么我们应该扪心自问，如果每天晚上不睡觉，一个人能坚持活多久？休息，就像睡觉对于人存在的意义一样重要。休息，能够让我们忙碌的心灵恢复宁静，也能让我们像倒空一只杯子一样倒空自己。当然，这里所说的休息包括睡觉，却不仅仅限于睡觉。睡觉，只是满足最基本的生理需求。而这里所说的休息，也包括更高层次的放空心灵。当我们的心灵充斥着各种各样的欲望，甚至无法喘息时，我们必须放空它，这样才能得到更大的空间，也才能彻底放空我们堵塞心灵中的焦虑。

一段时间以来，婷婷的生活简直一团糟糕。先是她因为房产证写谁的名字，与男友闹掰了，已经谈婚论嫁的他们选择了和平分手；接下来是亲手把她带大的姥姥因病去世，非常突然，使她猝不及防；再就是她的工作，也因为与同事之间发生争执，不得不选择辞职……如此接二连三的打击，让婷婷应接不暇，无力招架，最终她病倒了。

这次生病，让婷婷终于有时间静下来想一想自己的生活，唯一的结论就是真够乱的。思来想去，婷婷决定放下所有的心情和事情，出去旅行一段时间，就去她一直梦寐以求的云南吧。婷婷的旅行维持了15天之久，就是走走看看，漫无目的。不过，她很清楚这段时间对她的心绪起到了极大的平静作用。旅行归来，婷婷就像变了个人，再次乐观积极地面对生活，努力地找工作，还准备好迎接一段新的恋情。朋友们看到婷婷的变化都惊讶极了，说：“云南真是疗伤的好地方啊！”婷婷笑着反驳：“不是疗伤，是整理。我觉得我之前的心情就像是一个乱糟糟的衣柜一样，里面塞满了杂乱无章的衣服鞋袜。如今，我已经借助于旅行的时间把它们进行了归类整理，这样一来，它们全都各归其位，再也不来烦扰我啦！”

的确，婷婷的比喻非常生动贴切，一个人凌乱糟糕的心情，就像杂乱无章的大衣柜，里面塞满了各种无用和毫无头绪的东西。在这种情况下，要想获得心灵的宁静和有序，就必然要痛定思痛，静下心来认真思考自己的何去何从。

不管生活多么忙碌，不管有多少工作堆积如山等着你去完成，当你觉得自己需要休息的时候，就一定要挤出时间来休养生息，既帮助身体积蓄能量，也帮助心情回归平静和有序。所谓磨刀不误砍柴工，永远不要心疼那些休息的时间，因为恰恰是它能帮助我们回归高效有序的生活和工作。

任何事情，防患于未然的效果都比亡羊补牢更好。等到事情恶化到无法弥补的时候再去补救，则往往会产生负面的影响。如此想来，就像是一架机器，我们千万不要等到它彻底坏了罢工了才去维护，而应该在它正常运转的时候就用心保养。这样，它的效率一定会成倍增长。我们的身体，我们的精神，我们的心灵，就是我们赖以为生的唯一“机器”。

参考文献

[1] 廖宇靖. 生活给你的，一定是你能承受的[M]. 天津：天津人民出版社，2016.

[2] 黄曲欣. 苦熬过最难熬的日子，便是阳光满地[M]. 广州：广东人民出版社，2018.

[3] 小川叔.努力，才配有未来[M]. 长沙：湖南文艺出版社，2015.